环艺景观快题考研高分攻略

手绘表现案例解析

吕律谱　贾立群
余祥晨　周　旋　编著

广西师范大学出版社
·桂林·

图书在版编目(CIP)数据

环艺景观快题考研高分攻略：手绘表现案例解析 / 吕律谱等编著 .—桂林：广西师范大学出版社，2023.7

ISBN 978-7-5598-6072-9

Ⅰ . ①环… Ⅱ . ①吕… Ⅲ . ①景观 – 环境设计 – 研究生 – 入学考试 – 自学参考资料 Ⅳ . ① TU-856

中国国家版本馆 CIP 数据核字 (2023) 第 094967 号

环艺景观快题考研高分攻略：手绘表现案例解析
HUANYI JINGGUAN KUAITI KAOYAN GAOFEN GONGLUE: SHOUHUI BIAOXIAN ANLI JIEXI

出 品 人：刘广汉
策划编辑：高　巍
责任编辑：季　慧
助理编辑：马竹音
装帧设计：六　元

广西师范大学出版社出版发行
（广西桂林市五里店路 9 号　　邮政编码：541004
网址：http://www.bbtpress.com）
出版人：黄轩庄
全国新华书店经销
销售热线：021–65200318　021–31260822–898
恒美印务（广州）印刷有限公司印刷
（广州市南沙区环市大道南路 334 号　邮政编码：511458）
开本：889 mm × 1194 mm　1/16
印张：12　　字数：125 千
2023 年 7 月第 1 版　　2023 年 7 月第 1 次印刷
定价：68.00 元

前言

从事手绘教育已 8 年有余，苦乐参半，小有成绩的背后必有艰辛。从事环艺考研教育工作感慨颇多，感恩小伙伴们的一路支持。

目前，本科毕业生逐年增多，就业的竞争日渐激烈。想要在众多毕业生中脱颖而出，获得好的工作岗位，必然要从提高自身的实力出发。公司选拔人才看重的是设计能力，学历也是其中一个重要标准。因此，越来越多的同学选择通过考研这条路来增加竞争力。

虽然近些年大部分高校的研究生部都在扩招，但扩招人数远比报考增加的人数少得多。这一点从 A 类地区的国家复试线就能看出：2022 年为 361 分，相比之前提高了近 20 分。这一信息让大家着实感到震惊，因此，2023 年及以后准备考研的同学更要提早准备，更加用功，以应对这一趋势的变化。2022 年的环艺考研也出现了一个有趣的现象：学术硕士的录取分数线普遍低于专业硕士的录取分数线。这在很大程度上还是因为学术硕士招的人少，以及考英语一。英语基础比较好，又不想竞争太激烈的同学可以考虑学术硕士。

环艺专业学生大学期间的学习内容较杂，景观、建筑、室内都有所涉及，因此，考试科目因学校不同，考查的内容也不尽相同。考查的内容大致分为室内快题、景观快题、室内＋室外快题、建筑景观＋室内快题、装饰画、主题类快题。本书重点对主题类快题进行讲解。

环艺专业在很多高校中隶属于艺术设计学院，艺术设计学院包括环艺专业、视觉传达专业、产品设计专业等。在考研中，为了统一划线，很多高校以主题类题目要求考生根据自己所学专业完成一张主题快题，重点考查学生的临场应变能力与设计素养。因此，各位考生的前期准备工作要非常充分，以应对多变的考试。

在按照本书学习之前，必须先了解以下几点。

注重手绘功底的培养。在开始快题训练之前，好的手绘功底是不可或缺的。好的表达效果能让你的快题在众多试卷中脱颖而出，让老师多看几眼你的试卷，获取更高的分数。

注意素材的收集。大多数同学在本科学习生涯中并没有大量积累设计案例，导致设计的方案空洞、缺乏看点。优秀的设计师都是从学习别人的作品开始的，案例的积累能让你从容地应对多变的考题。

勤学苦练固然重要，但是理解更重要。不要盲目地追求进度，谨记欲速则不达。一定要按照本书的编排顺序，从最开始的手绘基础表达学起，掌握快题中所有的图纸类别后再慢慢地组织一张完整快题。每天都需要练习，哪怕是很少的一点儿，以此保持手感，在完成整套快题训练后，也要保证每周一套快题的节奏。

了解了上述内容后，便可以开始你的学习之旅了。希望大家能认真阅读本书，并临摹练习相关实例。相信在今后的设计生涯里，无论面对何种情况，你都能够自如地表达出心中所想，成就设计之梦。

卓越环艺考研教研组

目 录

1

考研院校选择

1.1 院校选择原则

1.2 了解心仪院校

1.3 提升自身

1.1 院校选择原则

目前，考研形势日趋紧张，这是由当前设计行业的大环境决定的。高校设计专业扩招，而就业岗位不断减少，直接导致毕业生的求职竞争日趋激烈，设计公司招聘时的要求也更加严苛，因此，好的求学经历和突出的个人能力显得格外重要，考研也就成了设计专业的首要选择。

（1）专业排名

设计行业总体看重的还是设计能力，想在设计能力上有进一步的提高，第一选择必然是专业排名靠前的学校。美术学院和艺术学院是不二之选，这些学校在人才培养上更注重审美的提升与实际项目的实践。

（2）名校情结

综合排名靠前的学校也是优先选项。这些学校一般都在省会城市，在当地的影响力与认可度较高。相关调查发现，约有 50% 的毕业生会选择在毕业院校所在的城市工作和生活。但名校报考的人数通常较多，报录比往往是几十比一，甚至一百比一。考生需要保证自己各科成绩都比较均衡，不偏科，考研成功的可能性才比较大，甚至要做好再考一次的准备。

（3）考本校

如果没有名校情结，只是以获得读研资格为目标，考本校也是一个非常不错的选择。首先，自己对本校更加了解，平时的学习方向或者跟导师做的实际项目方向很可能和考试考查的方向一致。其次，在复试阶段，本校学生也会更有优势。

（4）冷门院校

有些学校近些年才获取招收研究生的资格，它们的排名和地理位置往往不占优势，但报考人数少，有些学校还接受调剂，一次就考上的概率会比较高，适合只为获取读研资格、基础相对薄弱的同学。地理位置优越的地区也有一些非知名院校，竞争压力相对更小，追求大城市的同学可以考虑。

各学校的招生情况每年都在发生变化，突然缩招或者扩招的情况时有出现，因此会出现报考人数骤减或激增的情况，考生一定要仔细了解往年考试真题、参考书目和招生情况。

1.2 了解心仪学校

（1）学校查询途径

官方的招生信息可以在研招网上查询，各高校研究生院官网也会发布招生目录与考试大纲，有些学校还会公布历年的录取分数。

（2）历年分数线

复试分数线不代表录取分数线，且往往比录取分数线低，这是由进入复试的人数和招生的人数决定的。例如，进入复试 20 人，录取 10 人，录取分数线自然会被带高。有的学校进入复试 5 人，录取 5 人，那么复试分数线就是录取分数线。因此，早些了解历届学长的初试、复试分数，可以帮助自己尽早确定预期分数。

（3）招生人数变化

学校的招生指标每年都在变化，影响因素包括学校研究生整体招生计划、师资、保研名额。如果有名额增加，意味着被录取的概率变大；如果缩招，而且自己的能力有限，那就该及时调整自己的目标院校。

（4）学校老师

对学校老师要提早了解，包括他的研究方向和近些年的实际项目，快题考试很可能与此相关。初试通过后就要积极联系老师。

1.3 提升自身

手绘能力在快题设计中尤为重要，塑造能力、表达方式、色彩搭配都是最基础的能力。一个好的方案呈现基于扎实的手绘表现能力，短时间的快题集训虽然能够达到应试的目的，但想获得更好的效果和成绩离不开日常的训练累积。平时也要注意积累优秀案例，多看相关的网站，搜集好的点子，并以草图的形式表现出来。素材积累到一定的程度才能产生组合、改变，才能谈创新、创意的问题。

关于理论知识，背书固然重要，但更重要的是自我发散和积累，多做思维导图，将知识点串联起来，这样会提升记忆效率。多关注大师作品、热点话题等，扩充自己的知识储备，也有利于考试时灵活发挥。相比于死记硬背，老师更喜欢能主动思考、表达自己观点的学生。

2

环艺快题初识

2.1 环艺快题分类

环艺快题大致可分为三大类，分别为室外景观方向、构筑物方向、综合类快题。还可以分为六小类，如表 2-1 所示。

表 2-1　环艺快题六小类

类型	特点
主题类快题	往往只给一个主题，其余自由发挥
小体量构筑物	明确要设计地铁入口、公交车站、人行天桥等
小建筑	设计书吧、水吧、民宿一类
小场地景观	规定场地大小与周边环境做景观设计
综合类	考查内容多，建筑、室内外及场地景观都要画
分析类	侧重方案生成、推演过程，类似竞赛作品

（1）室外景观方向

有些学校，如西安建筑科技大学、郑州轻工业大学、浙江理工大学，明确考小场地景观设计，如城市广场、校园绿地、屋顶花园等（图 2-1）。还有些学校会出室内和景观两套题目，让学生二选一，如湖南师范大学、武汉工程大学、西安交通大学、南京林业大学。

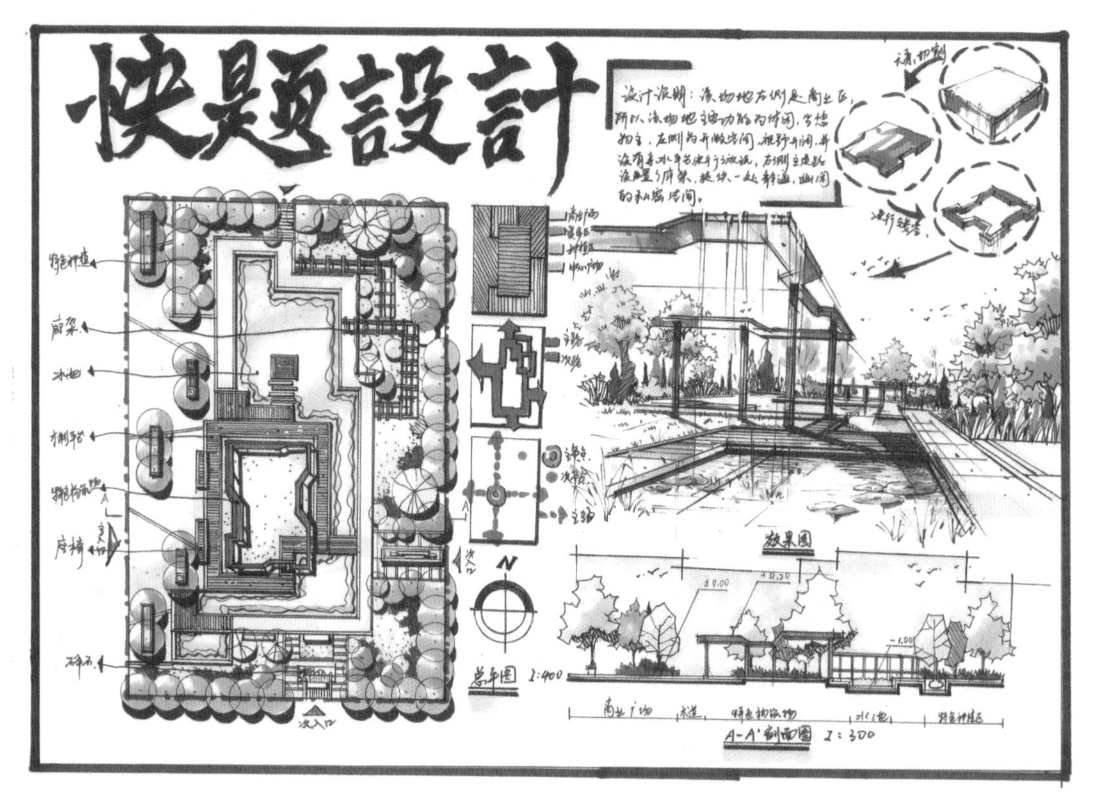

图 2-1

（2）构筑物方向

该方向画面主体为景观构筑物，可以是景观桥、观景台、公交站，或小体量建筑，如水吧、咖啡厅、书吧、公共厕所等（图 2-2）。一些学校，如四川大学、四川美术学院，出题意图非常明确，如设计一个公交站或者地铁站入口。还有一些学校的题目是主题性的，如湖南科技大学、中南大学、广州美术学院、广东工业大学、浙江理工大学，往往会提供一个成语或一段话，让考生根据自己的理解完成一套快题。这样的快题开放性强，画室内、室外景观均可。画室外景观的好处是效果图所占的版面可以足够大，还可以根据构筑物的造型、外观及材质更好地体现主题，画面塑造也相对容易。也有一些学校会考小体量建筑，如武汉科技大学、上海理工大学。

图 2-2

（3）综合类快题

有些学校考查范围较广，建筑、景观、室内都有所涉及，纸张较大，往往为 2 张 A2 纸，考试时间通常为 4—6 小时，考查学生的综合能力（图 2-3），以武汉地区的学校为代表，如中国地质大学、华中科技大学等。华南理工大学考的也是这种综合性题目。

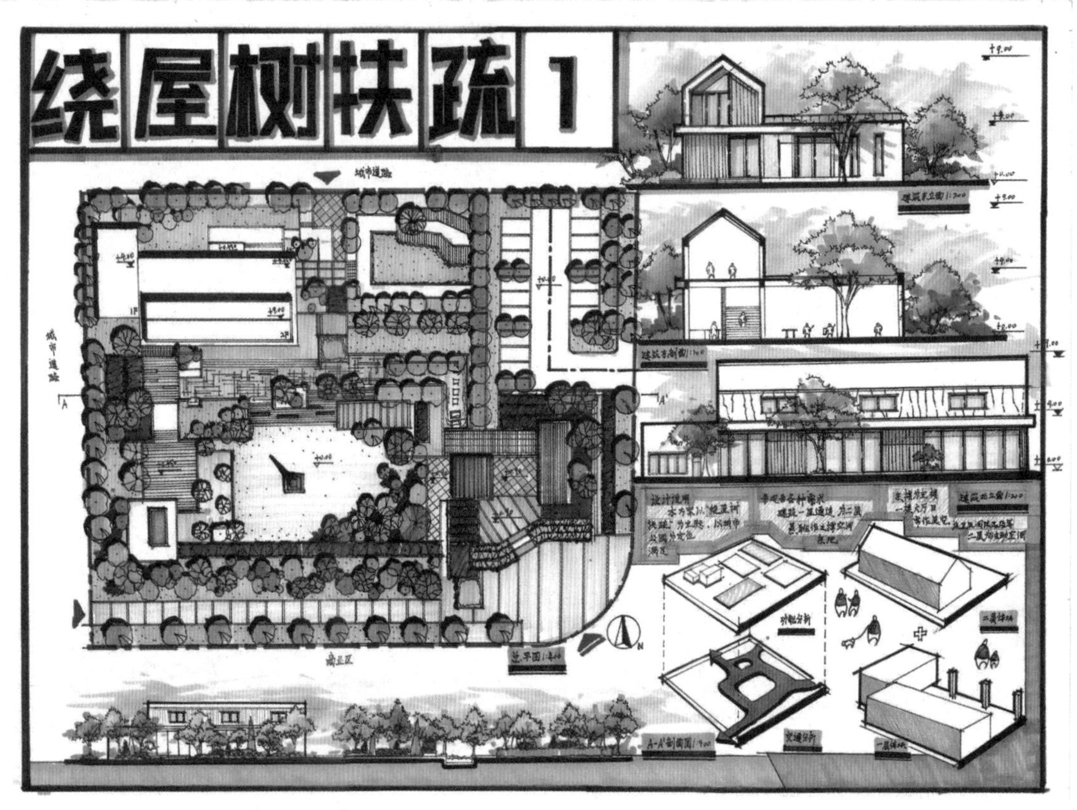

图 2-3

2.2 环艺快题考查时间及要求

在时间分配上，3 小时快题的审题时间最好为 5—10 分钟，绘制线稿 1.5 小时，上色 1 小时，20 分钟做最后的调整。6 小时快题的审题时间为 5—10 分钟，绘制线稿 3—4 小时，上色 1.5 小时，30 分钟做调整。环艺快题的表达方式及要求如表 2-2 所示。

表 2-2　环艺快题的表达方式及要求

时间	3 小时	6 小时
表达方式	墨线 + 马克笔	铅笔，墨线 + 马克笔
要求	制图规范：环艺考题大多开放性强，自由发挥程度高，设计规范往往是扣分点，不能标少、标错 扣题：主题性题目灵活多变，考查的是临场应变能力，对自己的方案要能灵活处理，紧扣题目 效果突出：独特的排版，突出的透视表现，高级的色彩搭配，都能让快题凸显出来 完整：不能少图、漏图，一定要在规定时间内画完，画不完会被直接打低分	

2.3 环艺快题评分标准

每所高校的评分标准大同小异，一般分为五档：A 档、B 档、C 档、D 档、不及格。在评分过程中，将所有考生的试卷平铺开后，主考官首先直接挑出比较好的和不及格的，然后挑出四个档的范本，其他老师再按范本给剩余的考卷分类打分。一般不允许跨档提升或者下调，因此，评委的第一印象至关重要（表 2-3）。

表 2-3　环艺快题分档标准及评分点

评分点	分数值			
	130—150 分（A 档）	110—129 分（B 档）	90—109 分（C 档）	90 分以下分（D 档）
题意	完美切合题意	符合题意	基本符合题意	偏离题意
效果	完整性强	效果完整	效果基本完整	琐碎凌乱
布局	合理新颖	合理规范	基本合理	布局散乱
造型	实用、美观、突出主题	结构完整，符合题意	形体基本准确	结构混乱
细节	细节丰富、精彩	画面整洁	表达主次分明	混乱、模糊

注：此表是根据多年的教学经验总结出来的，不能作为绝对标准，
具体得分取决于学校要求和阅卷老师的要求

2.4 快题绘制工具

除常规的铅笔、直尺、橡皮以外，还需要针管笔、马克笔（图 2-4 ～图 2-7）。

图 2-4

全套12支套装

0.1mm
0.2mm
0.3mm
0.5mm
0.8mm
2mm
3mm
软笔尖
纤维笔尖
纤维笔尖
纤维笔尖
纤维笔尖

图 2-5

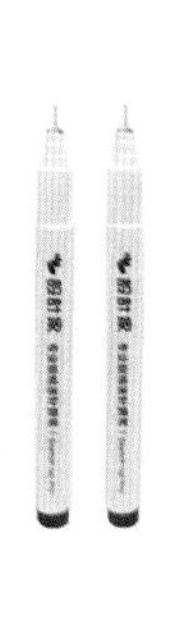

图 2-6

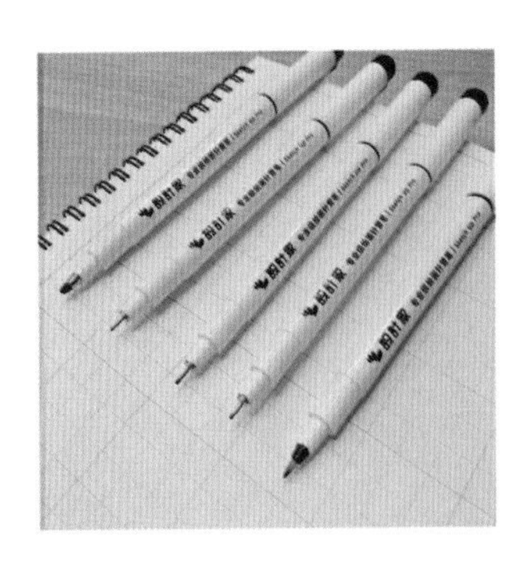

图 2-7

3

制图方法

3.1 平面图表现技法

3.2 立面图、剖面图画法

3.3 分析图画法

3.4 小体量建筑制图规范

3.1 平面图表现技法

平面图是最能反映学生设计能力的图纸，虽然主题性快题对场地没有明确的要求，但平面图依然是快题中非常重要的组成部分。除了表现效果外，平面图的标注规范也是老师的重点考查范围，包括图名、比例尺、指北针、剖切符号、用地红线、主次入口标注、标高、文字标注、周边环境（图 3-1）。

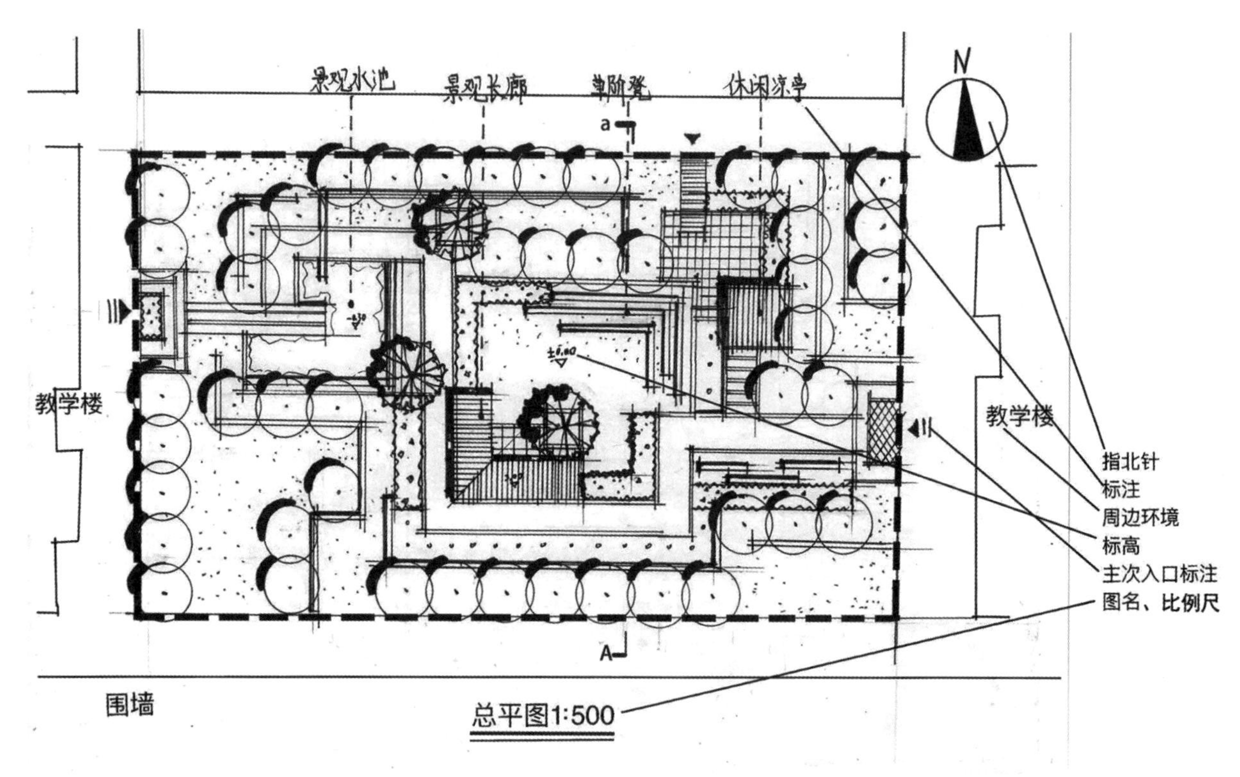

图 3-1

1. 平面图要素

① 图名、比例尺

图名、比例尺由文字部分和两根下画线组成。下画线上粗下细，长度与文字长度一致即可。文字部分为总平面图加数字比例尺。常用的比例尺有 1 ∶ 100、1 ∶ 200、1 ∶ 300、1 ∶ 500 等，尽量取整数，避免出现 1 ∶ 150 这样的比例尺。

② 指北针

指北针是指示方向的符号，用于平面图方向的辨别，平面图中必须有指北针，简单表示即可，不必画得过于复杂，但不可只画箭头（图 3-2），“N”也一定要写上去。

③ 剖切符号

剖切符号由剖线、看线及编号组成。剖线为细实线，表示的是剖断面的位置。看线为短粗线，代表的是看的方向，往哪个方向指就代表往哪边看。

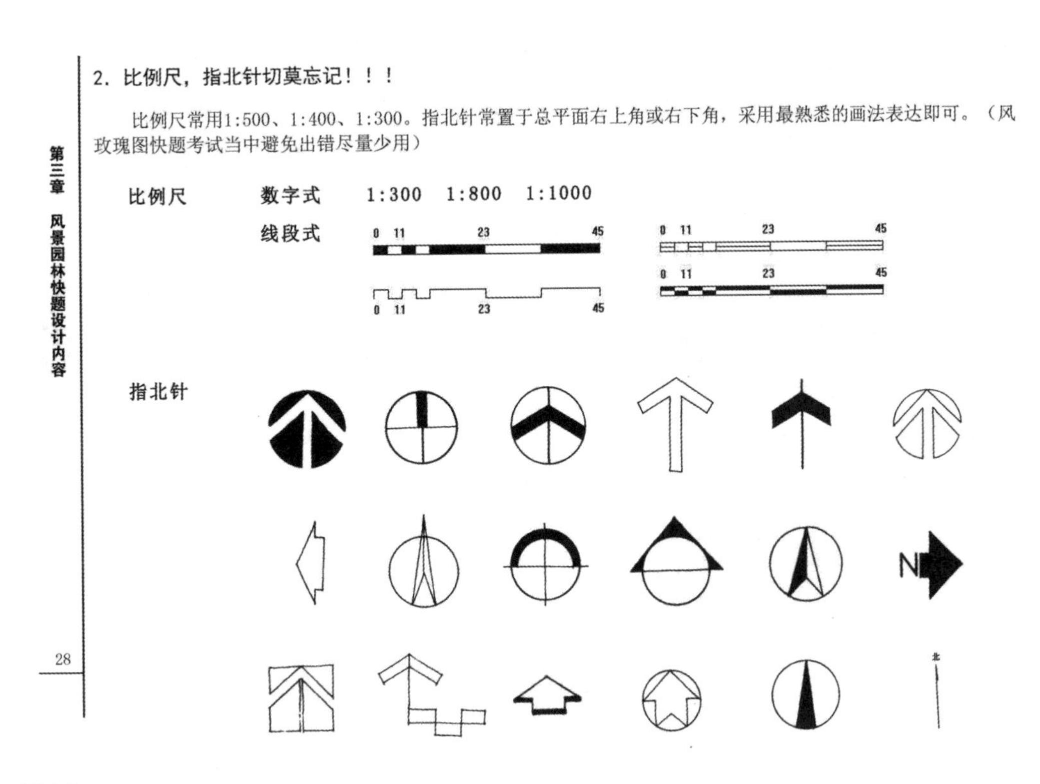

图 3-2

④ **用地红线**

用地红线表示的是设计范围，用虚线表示，可用黑色或者红色马克笔来绘制。所有的设计内容都要在设计红线之内。

⑤ **主次入口标注**

用三角形表示入口的方向和位置，并用文字标明主次入口。

⑥ **文字标注**

场地内有许多我们设计的节点，平面图并不能很清晰地将它们表现出来，因此需要用文字作为辅助，方便老师阅图。具体采用拉引线加文字的形式即可。

（2）平面图注意要点

A. 注意制图规范，不要错标、漏标。

B. 注意比例关系，画图时，可按比例在一旁画一棵 5 m 高的树作为参考。

C. 色彩尽量符合效果图色调，会使排版色调统一。

D. 交代周边环境，并且充分考虑周边环境对场地的影响。

E. 标注整齐，字迹工整，不要破坏画面。

F. 注意平面图的形式感，但也要注重合理性。

（3）景观制图常用植物图例

植物组团种植需要注意“乔灌草”搭配，大小乔木搭配种植，种植点可采取三角形的画法，视觉感受上会更为舒适。大片的乔木种植可采用云线的画法，但要注意云线外轮廓弧线的大小变化和整体外形的凹凸变化，旁边搭配零散的乔木，种植画面会更加丰富（图 3-3 ～图 3-5）。

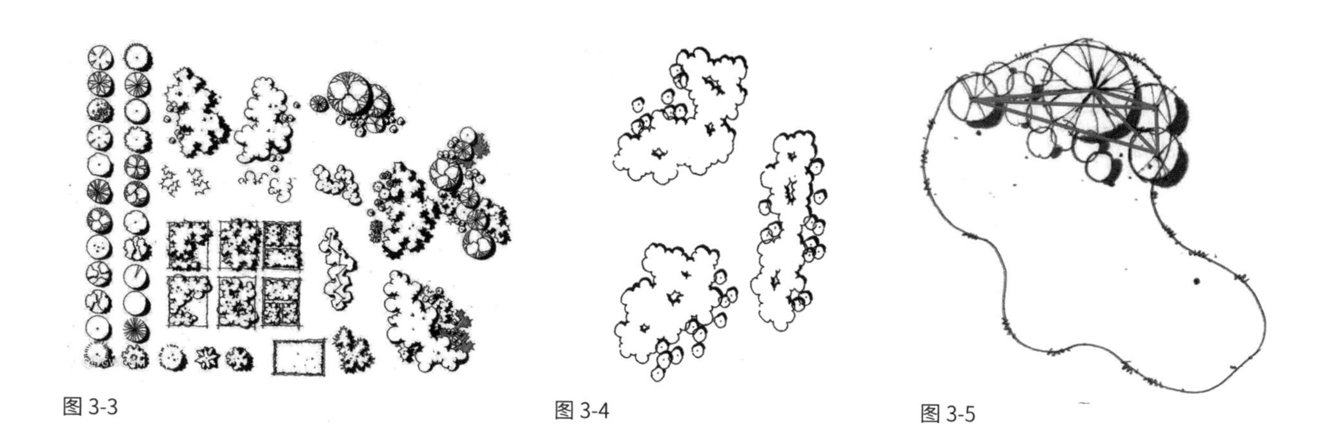

图 3-3　图 3-4　图 3-5

（4）平面制图顺序

总的制图顺序原则是“先硬后软”。“硬”指的是道路及节点铺装和水体，“软”指的是植物种植。

A. 绘制场地范围及用地红线（图 3-6）。

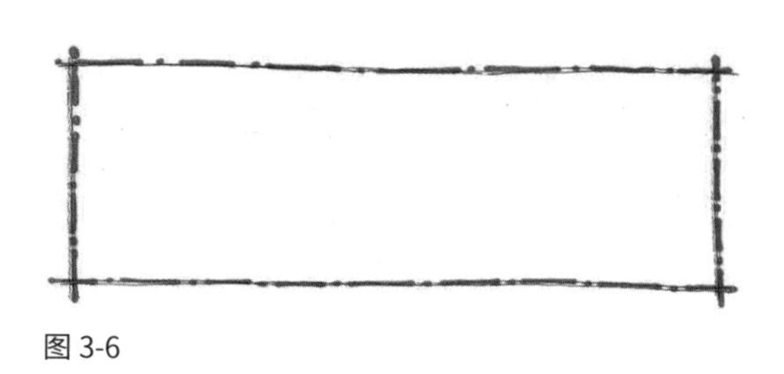

图 3-6

B. 将主要道路，即主要节点轮廓绘制出来，注意广场和道路边界尽量用双线绘制（图 3-7）。

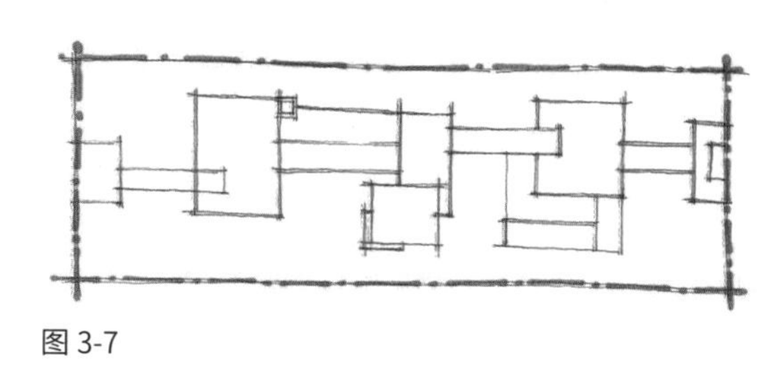

图 3-7

C. 细化主要节点。铺装形式变化要丰富，同时将水体用水纹线表示出来（图 3-8）。

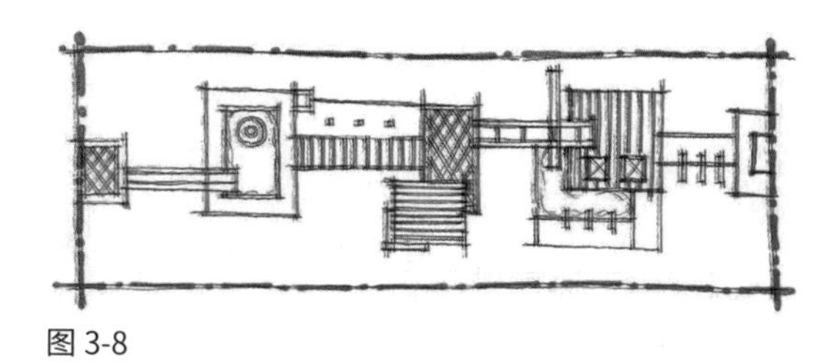

图 3-8

D. 植物种植先画出主要的大乔木和行道树，再遵循“乔灌草”搭配的原则丰富植物种植。道路边上的植物可以采用列植的形式（图 3-9）。

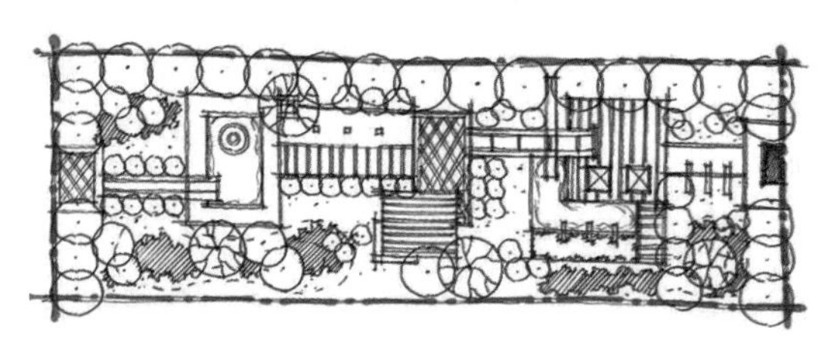

图 3-9

（5）景观设计方法

重复是组织中一条有用的原则，如果我们把一些简单的几何图形有规律地重复排列，就会得到整体上高度统一的形式。通过调整大小和位置，就能将最基本的图形变成有趣的设计形式。

① 矩形模式

迄今为止，矩形是最简单和最有用的设计图形。它与建筑原料形状相似，易与建筑物相配。矩形（包括正方形）是景观设计中最常见的组织形式（图 3-10）。

② 圆形模式

圆的魅力在于它的简洁性、统一感和整体感，它也象征着运动和静止的双重特性。正如本杰明·霍夫（Benjamin Hoff）所说：“圆规的双腿保持相对静止却能绘出美丽的圆。”用单个圆形设计出的空间会突出简洁性和力量感，多个圆在一起达到的效果就不止这些了。

③ 多圆组合

本张图纸的模式是不同尺度的圆相叠加或相交，从一个基本的圆开始，复制、扩大、缩小、相交、相切（图 3-11）。

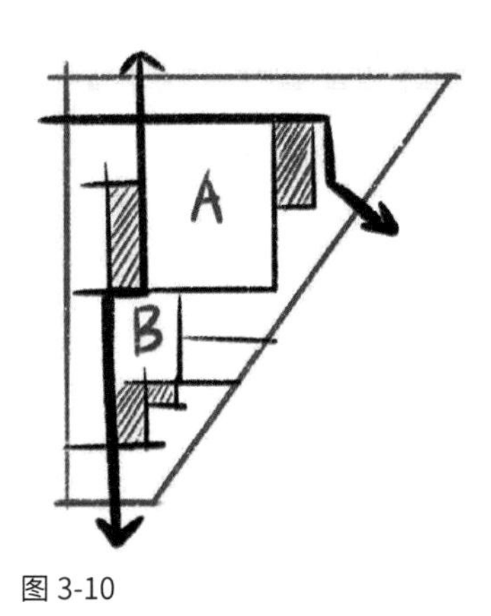

图 3-10

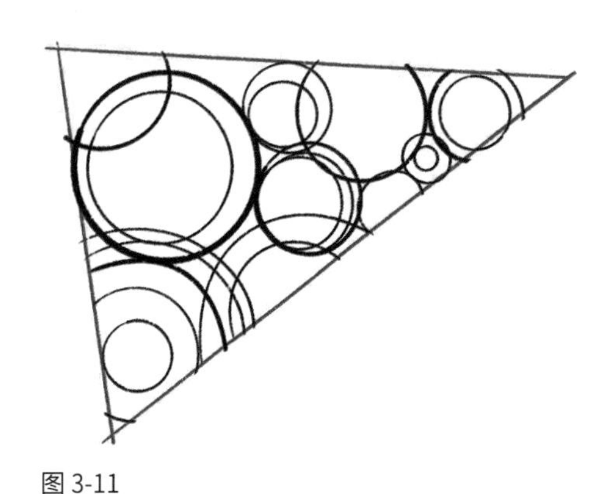

图 3-11

在刚开始练习的时候，要注重形式感的练习，培养平面构成的能力。可以从小地块开始，定一条主要交通流线，可采用直线形、折线形、倒角形、流线型、圆形、三角形等平面构成形式多做尝试，形成一个主次空间，支路的形式与主路统一，变化丰富，这样能极大提升形式美感（图 3-12～图 3-16）。

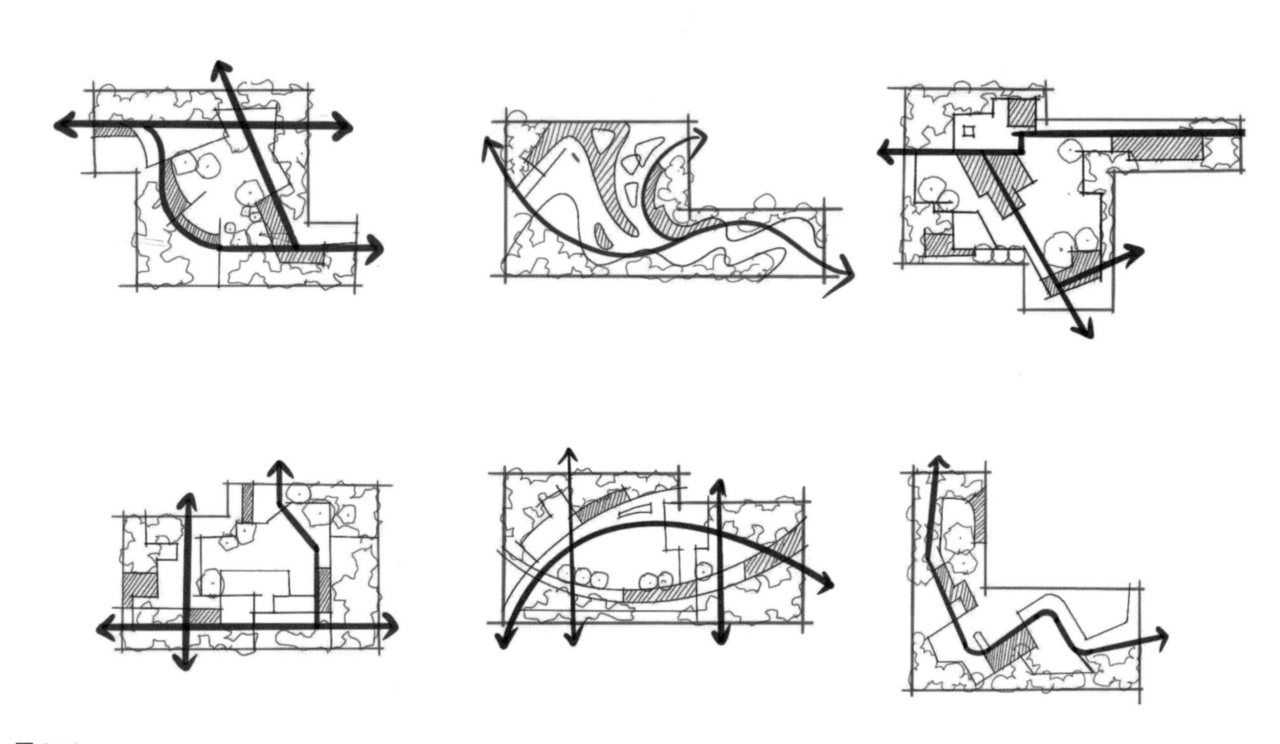

图 3-12

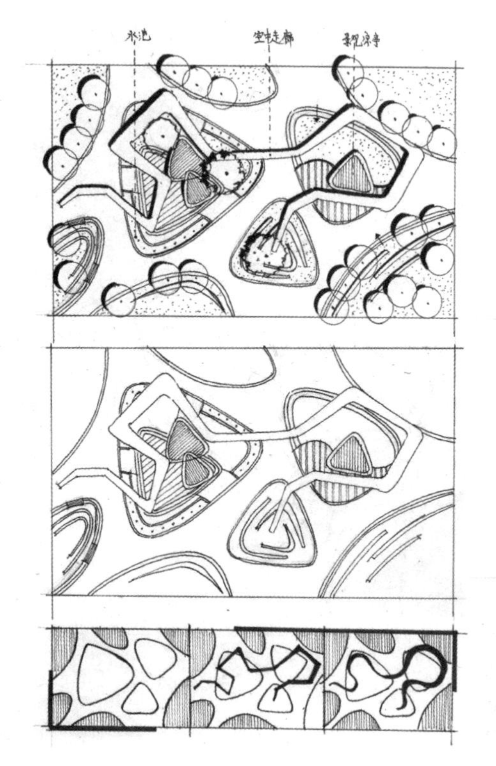

图 3-13

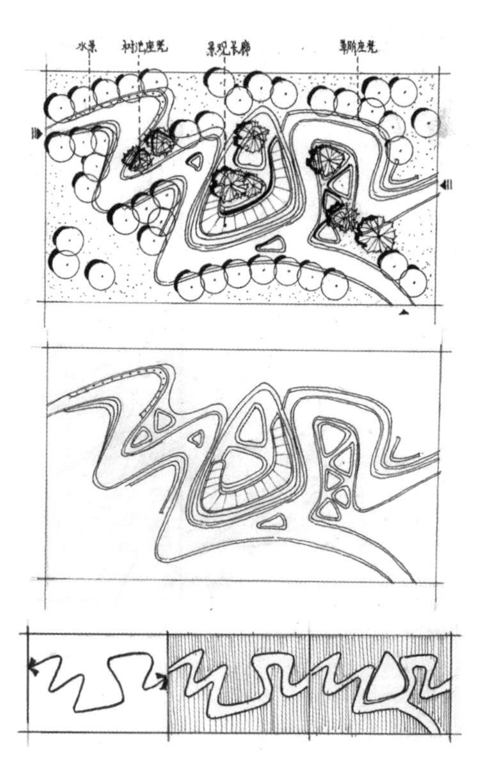

图 3-14

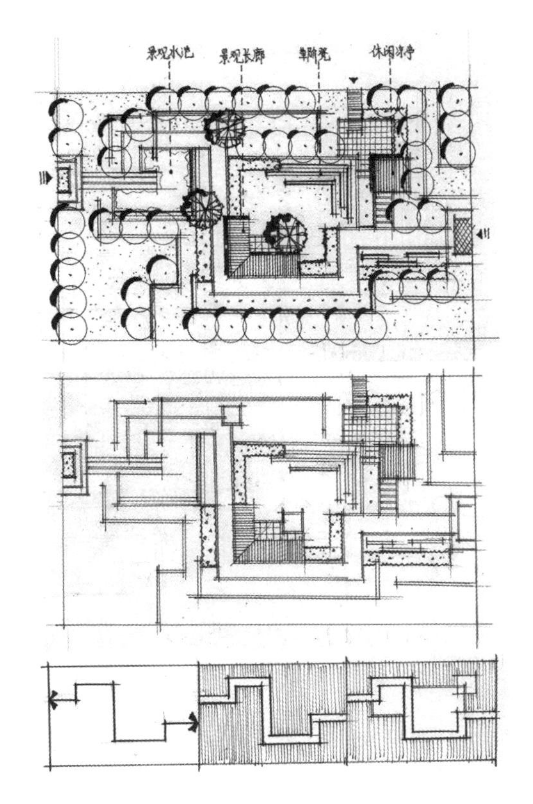

图 3-15

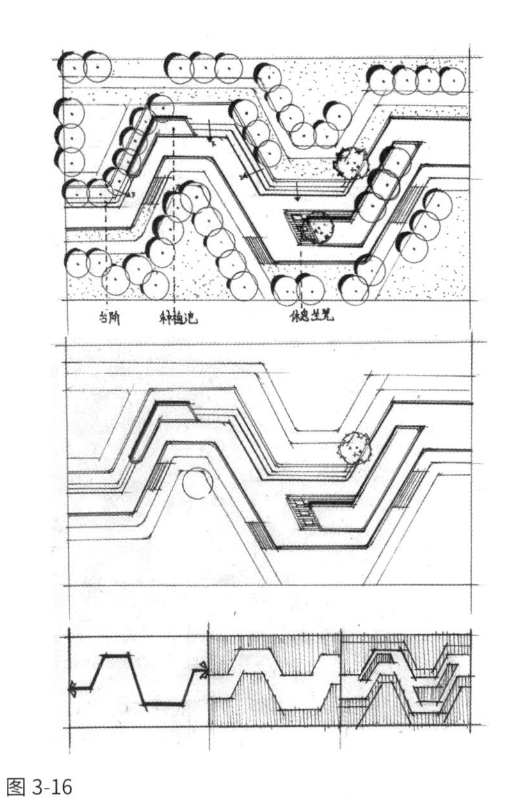

图 3-16

（6）景观平面抄绘

如图 3-17 ～图 3-25。

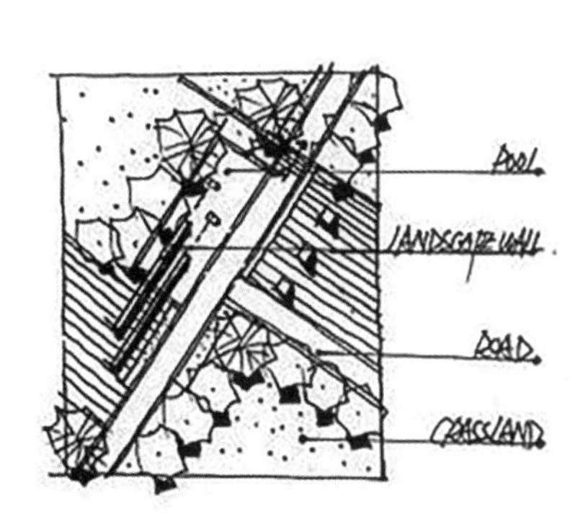

图 3-17

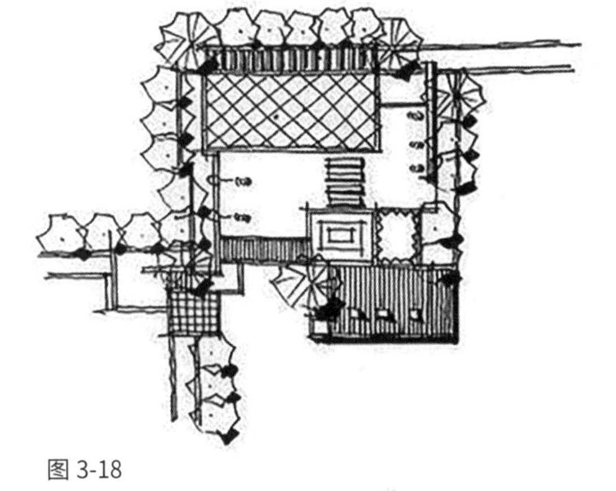

图 3-18

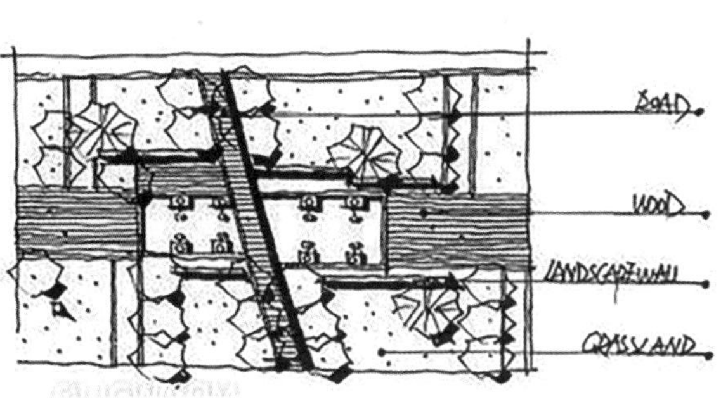

图 3-19

图 3-20

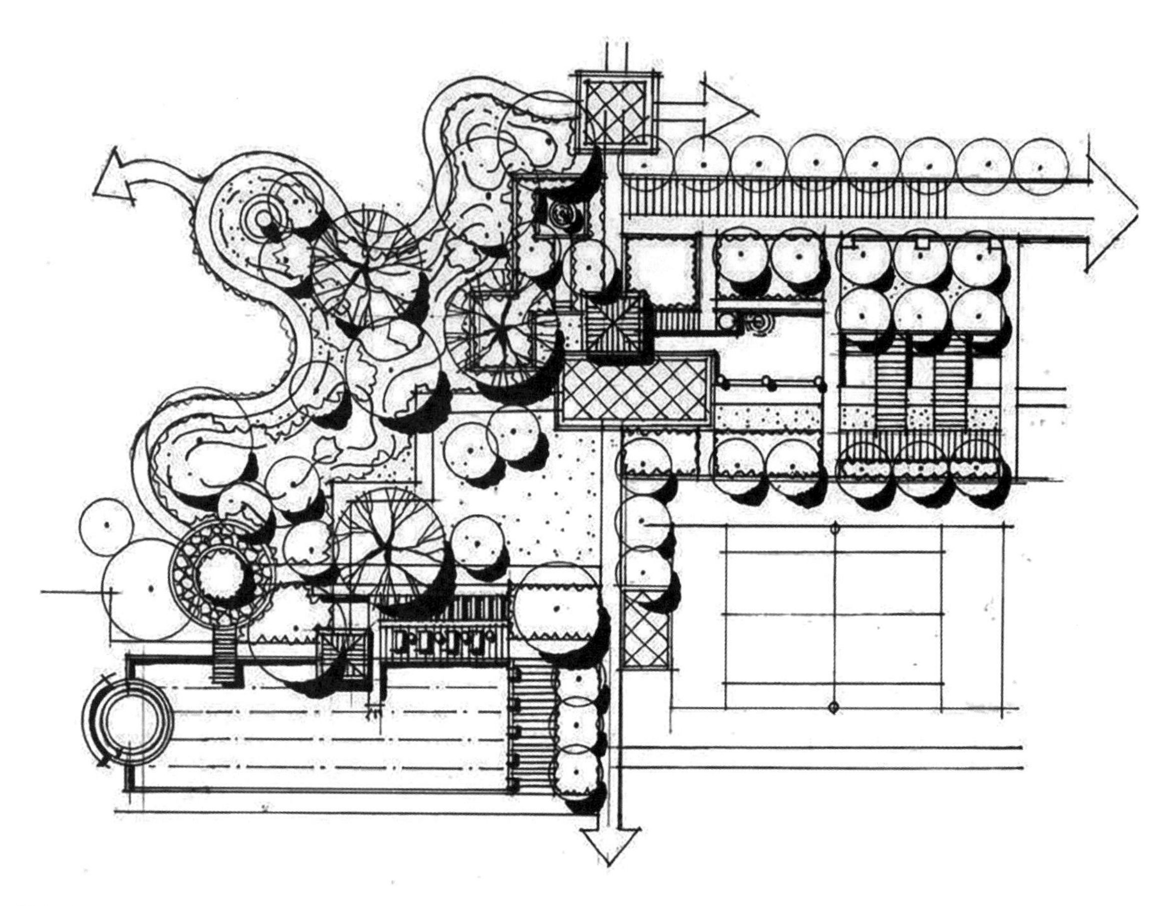

图 3-21

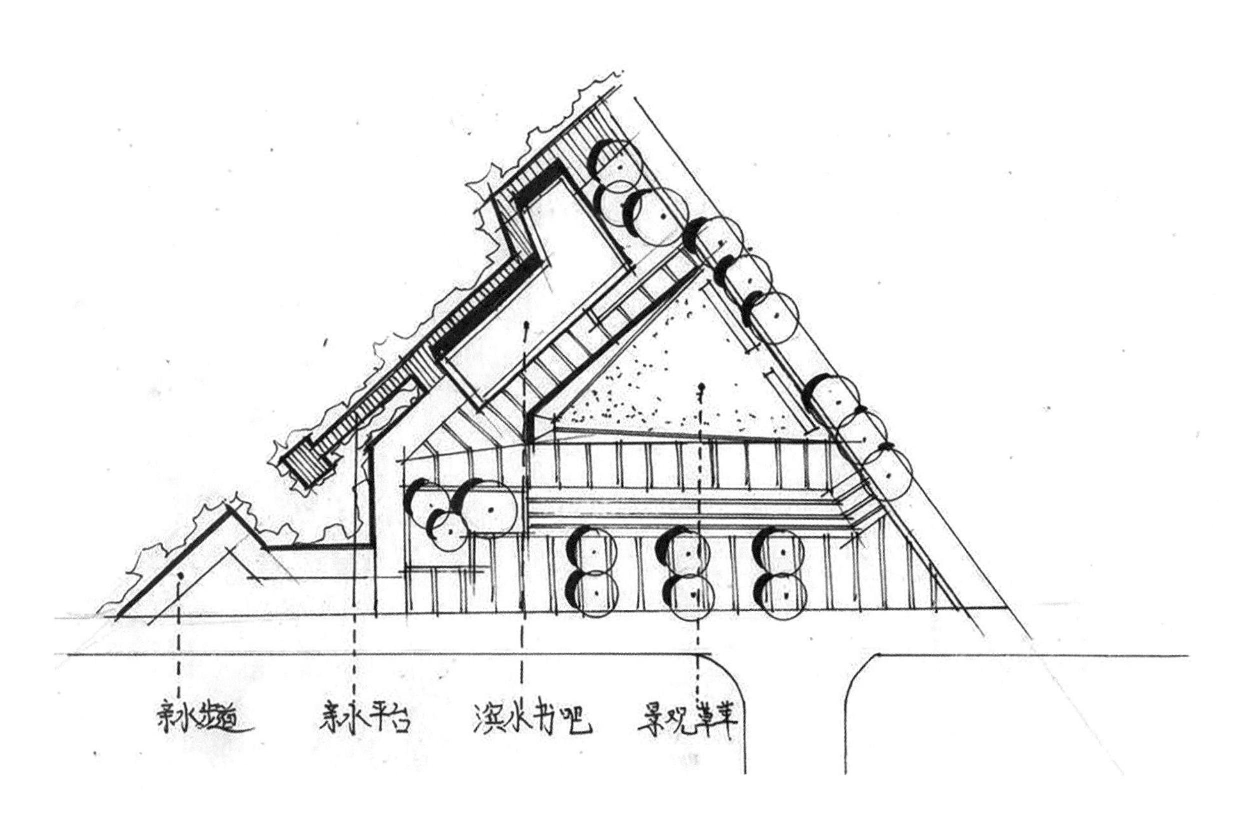

图 3-22

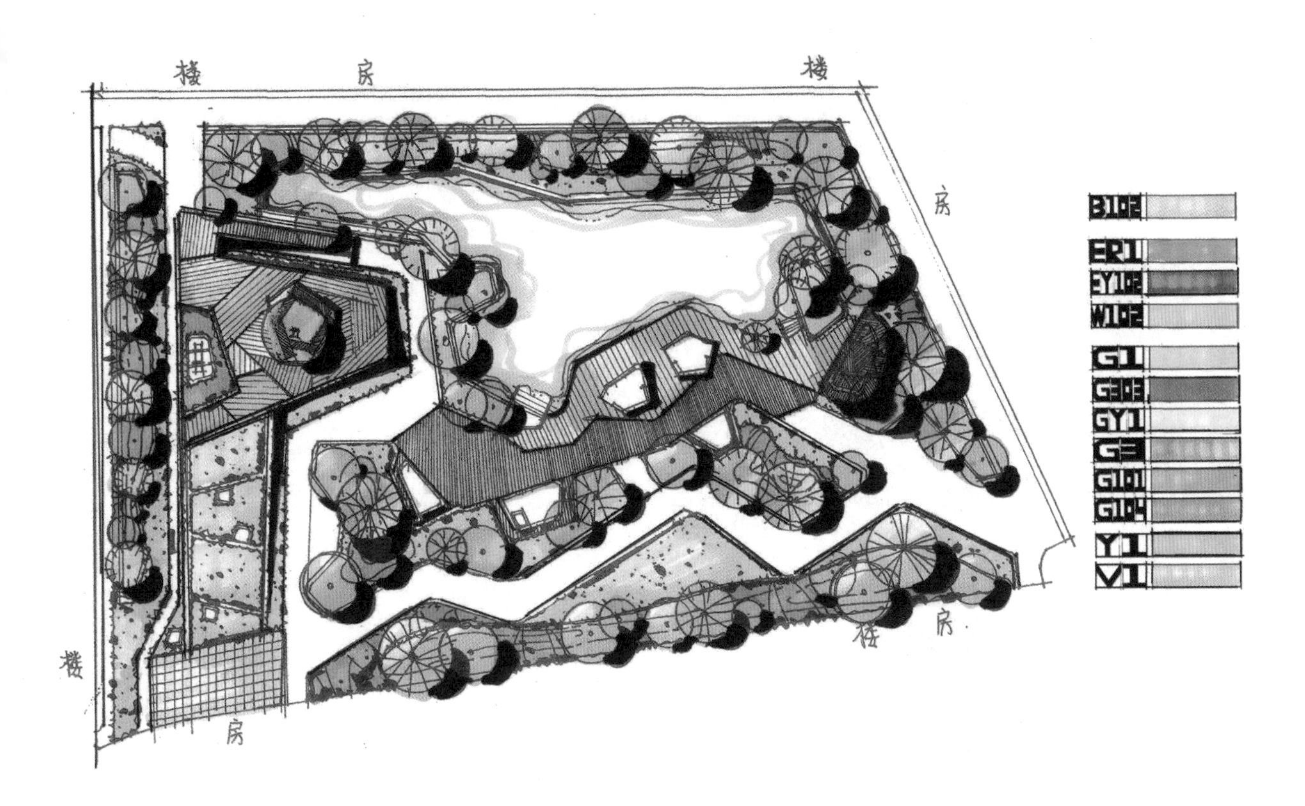
楼
房
楼
房
楼
楼
房
房
B102
ER1
EY102
W102
G1
G303
GY1
G3
G101
G104
Y1
V1

图 3-23

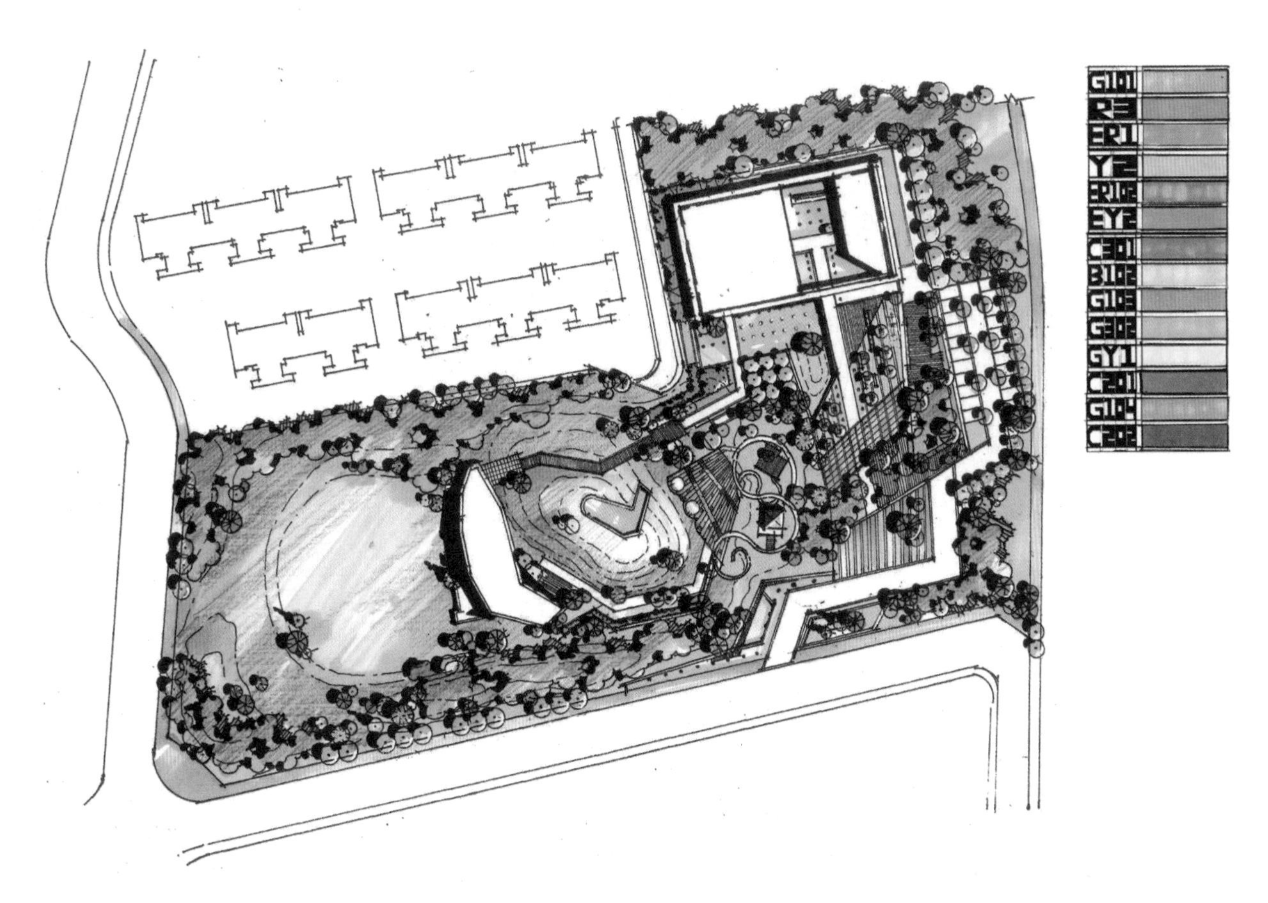
G101
R3
ER1
Y2
ER102
EY2
C301
B102
G103
G302
GY1
C201
G104
C202

图 3-24

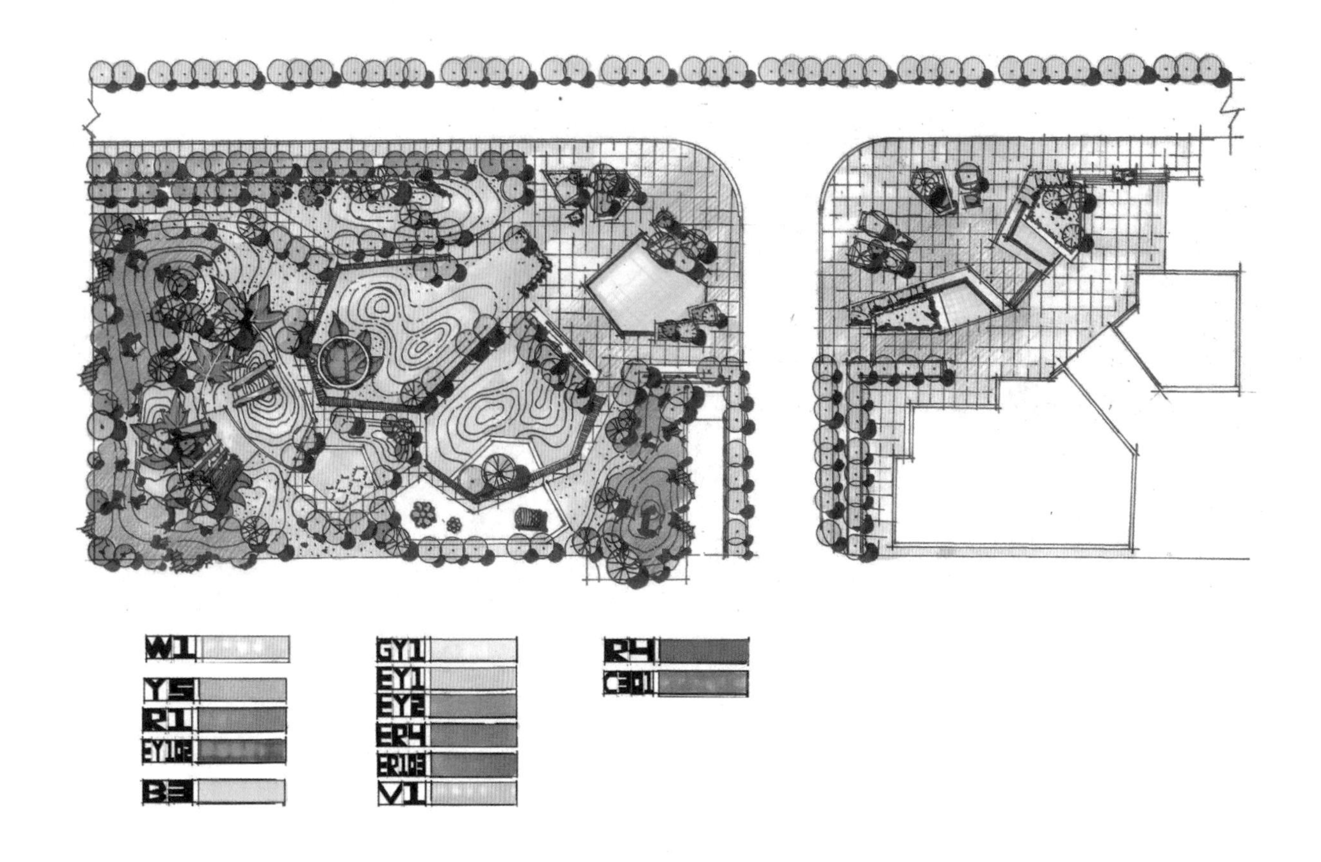

图 3-25

3.2 立面图、剖面图画法

画剖、立面图要注意两点：首先，植物种类要丰富，“乔灌草”搭配，前后层次丰富，林冠线有高低变化；其次，画剖面图要记得在平面图中画出剖切符号，标示出剖切的位置（图 3-26）。

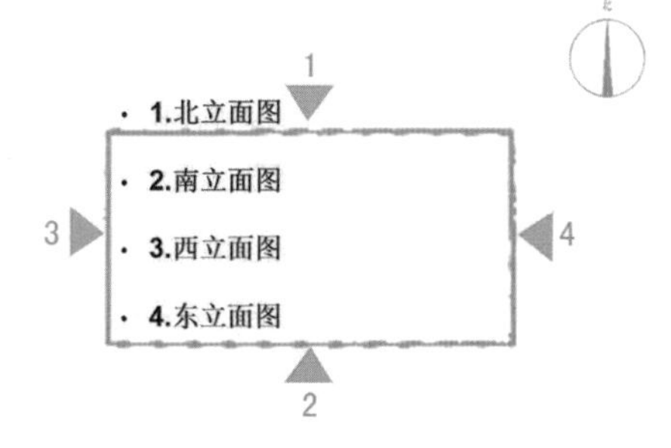

图 3-26

（1）立面图表达

立面图作为重要的附图之一，其表达也非常关键（图 3-27）。重点是要体现出前后的虚实关系，植物层次是进一步的细节表达。立面图往往指的是整个场地的东、西、南、北立面。立面图的下边界

图 3-27

用一条粗实线表达。立面图的主要标注有图名、比例尺、标高、文字标注。

（2）剖面图表达

相较于立面图，剖面图更注重的是体现场地地形的高差和林冠线的变化。剖面图的下边界用一条细实线和一条粗实线表达。立面图的主要标注有图名、比例尺、标高、文字标注（图 3-28 ～图 3-32）。

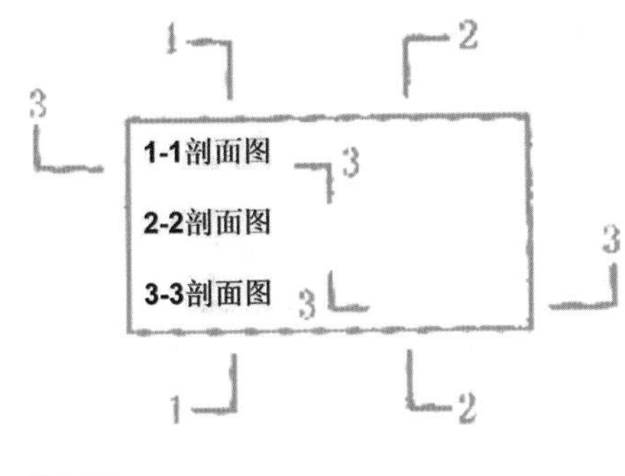

图 3-28

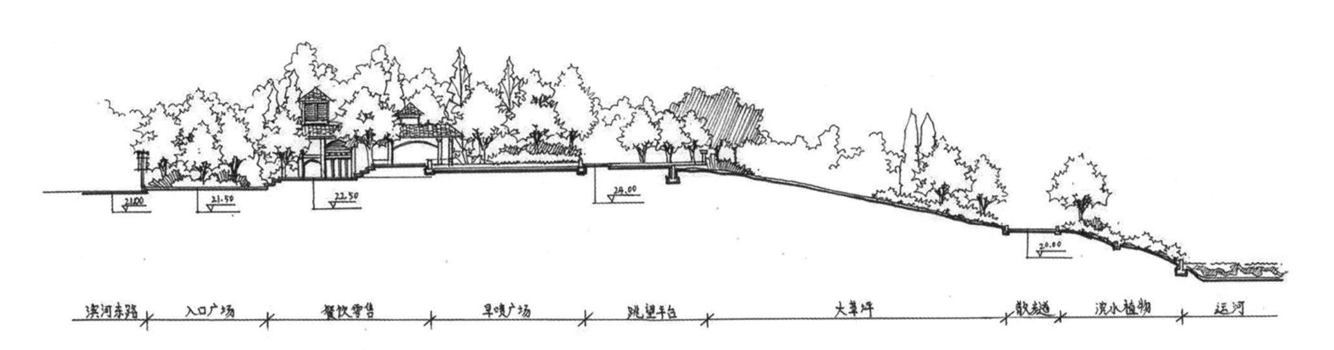

图 3-29

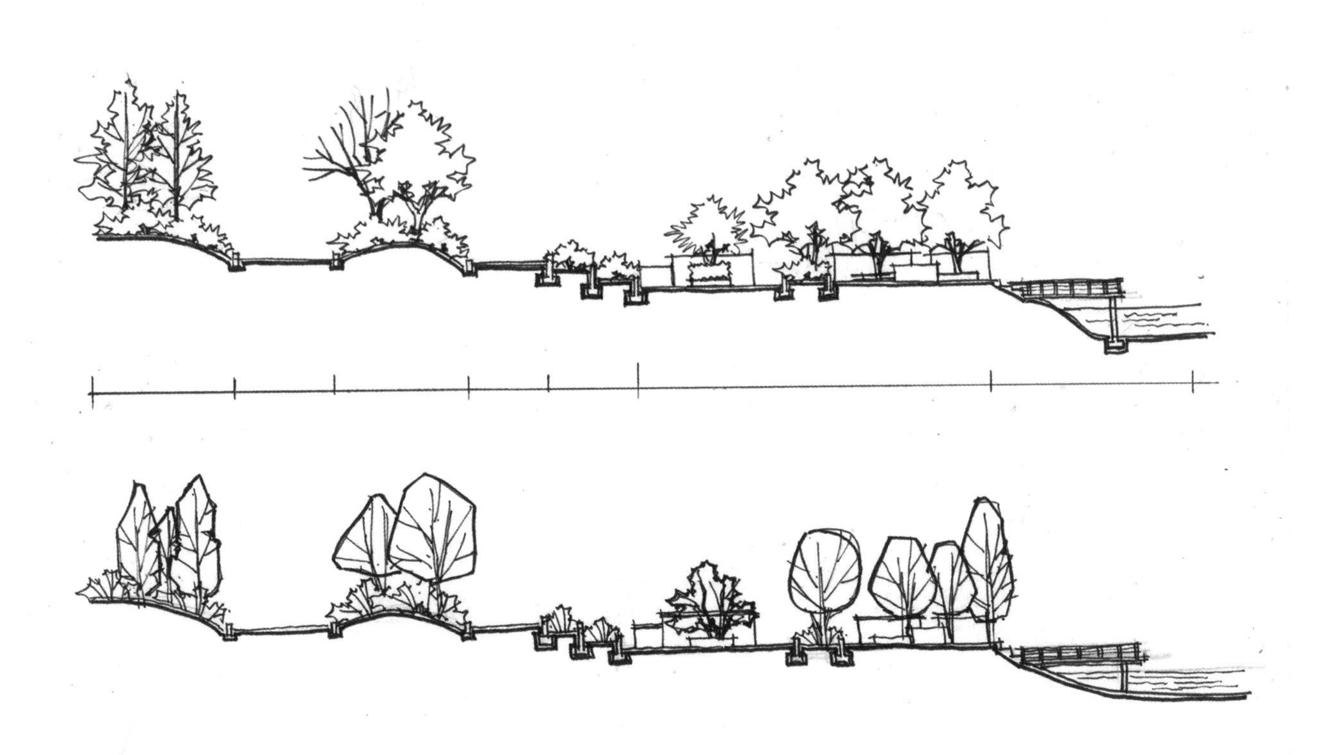

图 3-30

图 3-31

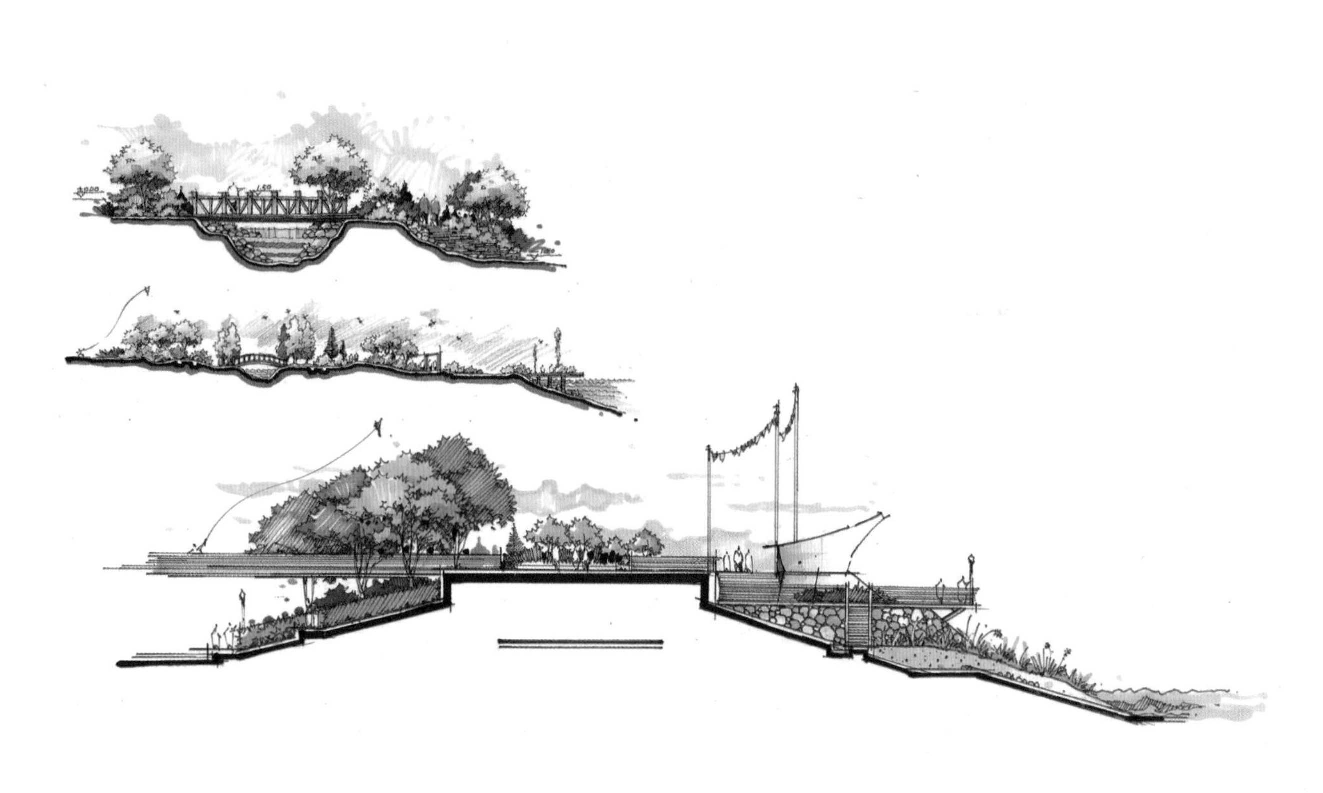

图 3-32

3.3 分析图画法

由于各高校出题越来越倾向于以主题性快题为主，因此作为点题主体的分析图就成了重中之重，其所占分值的比重也越来越大，有的学校甚至以分析图为主。常规的分析图包含基于总平面图的场地分析、设计主体的元素分析、概念演变、造型生成、结构分析、日照分析、人群分析、视线分析、材料分析等。总的设计顺序为背景分析—灵感来源—设计策略—成果展示。

（1）设计顺序

① 背景分析

背景分析是以图示的形式阐述场地的区位、周边环境、使用人群、现有问题，以及人的诉求等。

② 灵感来源

大多指头脑风暴，即根据题目中的主题联想到一些相关话题，以思维导图的形式绘制出来。

③ 设计策略

基于头脑风暴联想到的事物，通过一系列的造型手法，如元素提取、抽象、推拉、剖切、复制、重组等形成一个全新的造型，并使其与主题相关。此步骤尤为重要，是阅卷老师评判是否切题的重要依据。

④ 成果展示

即常规的平立剖图、效果图、鸟瞰图等图纸。此类图纸的表现内容须精致、美观，对手绘要求较高。阅卷老师对试卷的第一印象大多来自这些图纸（图3-33、图3-34）。

图 3-33

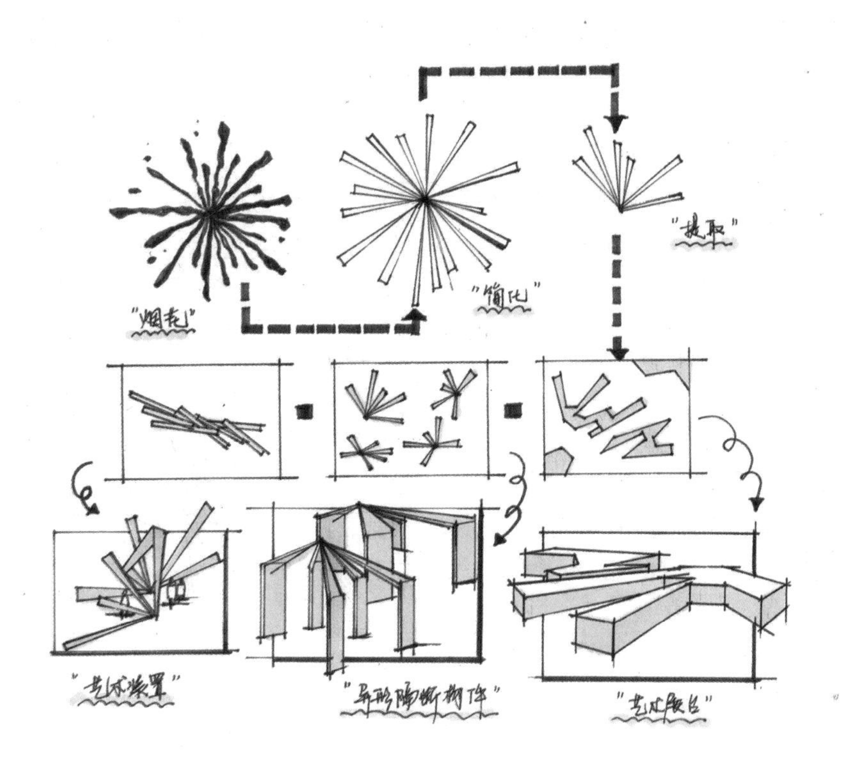

图 3-34

如图 3-35 所示，两种构筑的造型元素均取自蘑菇，图中的蘑菇造型生动美观。元素的演变过程往往会被同学们忽略，画得过于简单直接会影响视觉效果。因此，元素的提取要尽可能复杂一些，中间的演变步骤可分为 2—4 步。

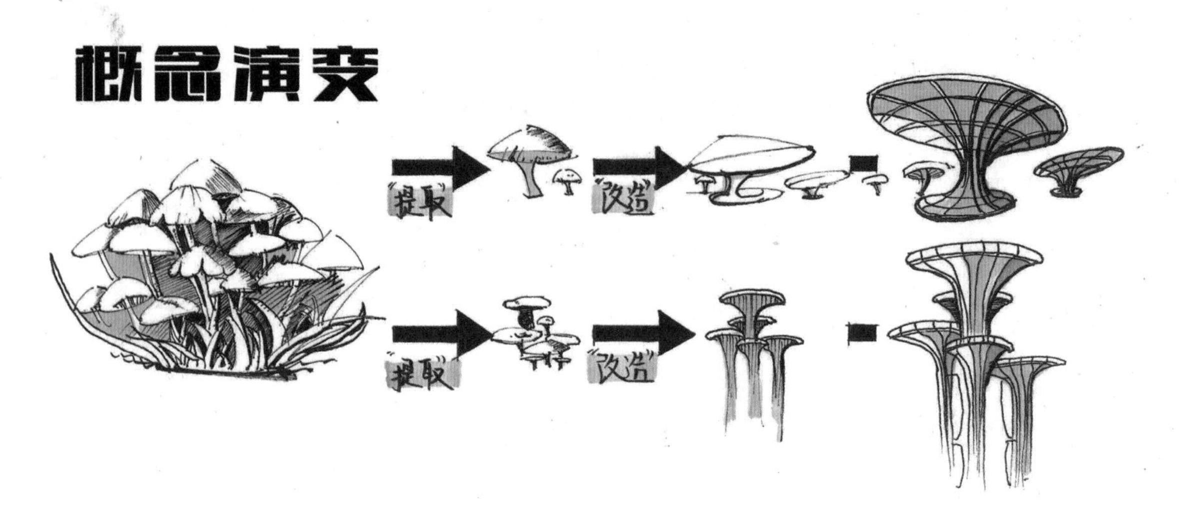

图 3-35

（2）基于总平面图的场地分析（图 3-36）

① 功能分析

功能分析又称功能分区，是整个场地的功能布局。根据场地周边环境，满足不同人群的场地使用需求，是场地设计的第一步。用不同的色块区分各功能区即可。

② 交通分析

交通分析一般按道路的等级表示，体现整个场地的道路等级规划。用不同颜色、粗细的线和箭头区分不同等级的道路。

③ 节点分析

节点分析体现的是整个空间结构，用景观节点和空间轴线表示。根据节点的等级，用不同的大小来表示。

④ 绿化分析

绿化分析体现的是整个场地的植物种植结构，分为乔木种植、灌木种植、花卉种植区域。

主题性环艺快题一般以构筑物为主，从主题中提取元素，根据元素进行造型演变，最后生成完整的构筑物。给设计主体和自己的方案配以来源介绍，通过这样的分析和表达，让评卷老师更深入地了解设计是如何产生的，让设计更加严谨。

一个清晰的概念演变过程在整个快题设计中非常重要，因为这部分最能体现设计师的设计思维和逻辑，是体现主题的主要手段。

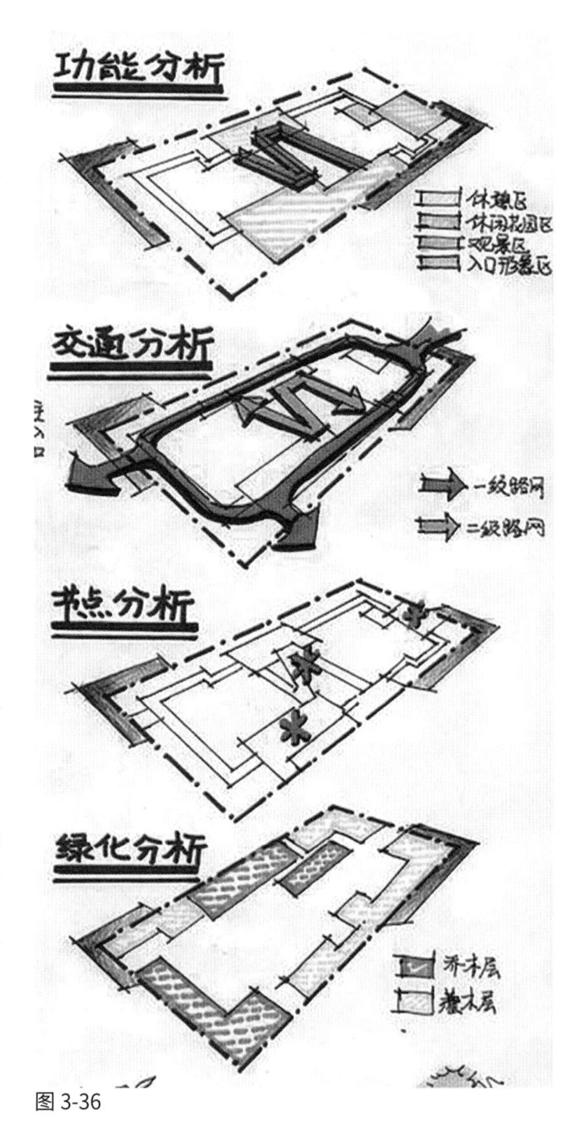

图 3-36

我们在积累方案的同时，也要注重方案的逆向推演训练，根据一个成品案例逆向推演它的设计过程。

此外，平时还要注重常见元素的表达训练，如山、云、海浪、丝带、树、石头、翅膀等（图 3-37 ～图 3-62）。

图 3-37

图 3-38

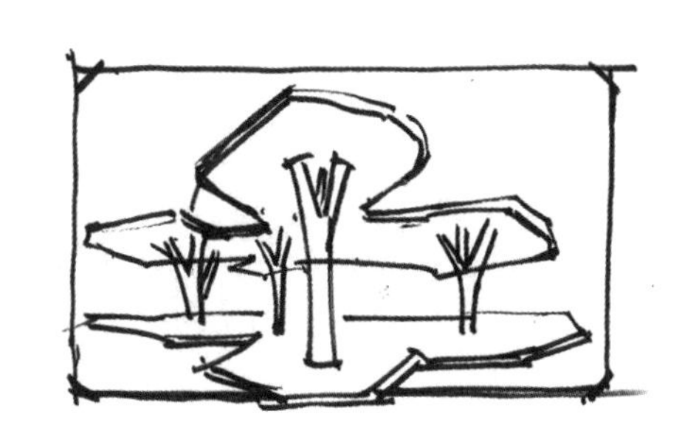

图 3-39

图 3-40

图 3-41

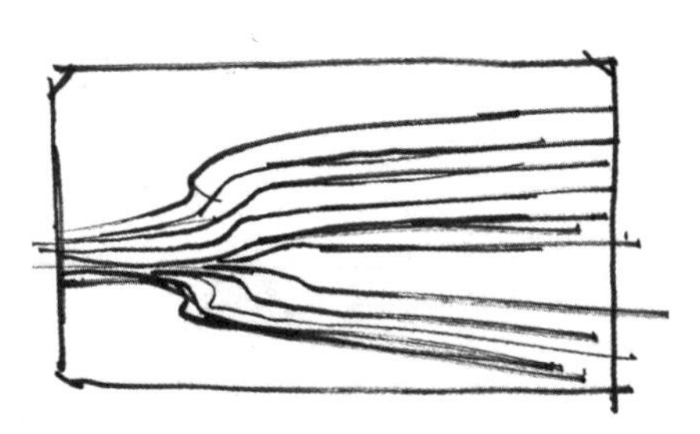

图 3-42

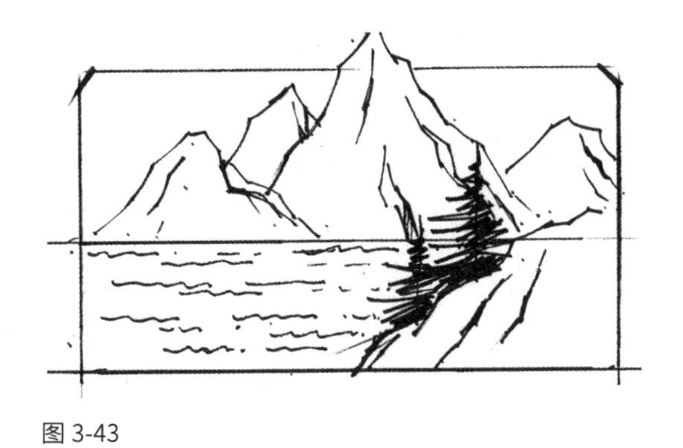

图 3-43

图 3-44

图 3-45

图 3-46

图 3-47

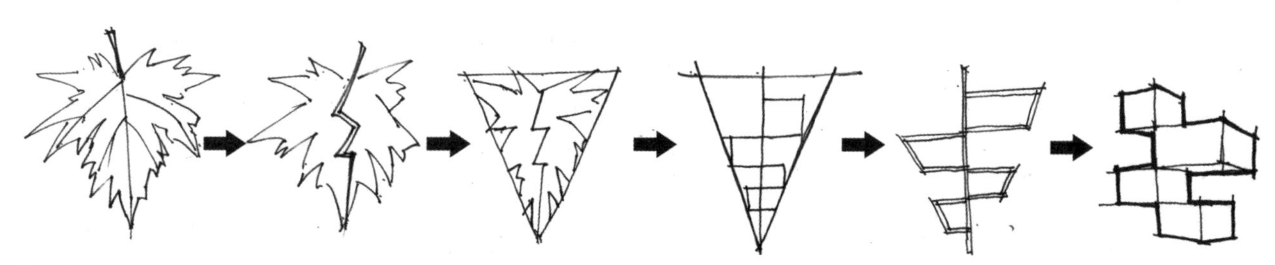

图 3-48

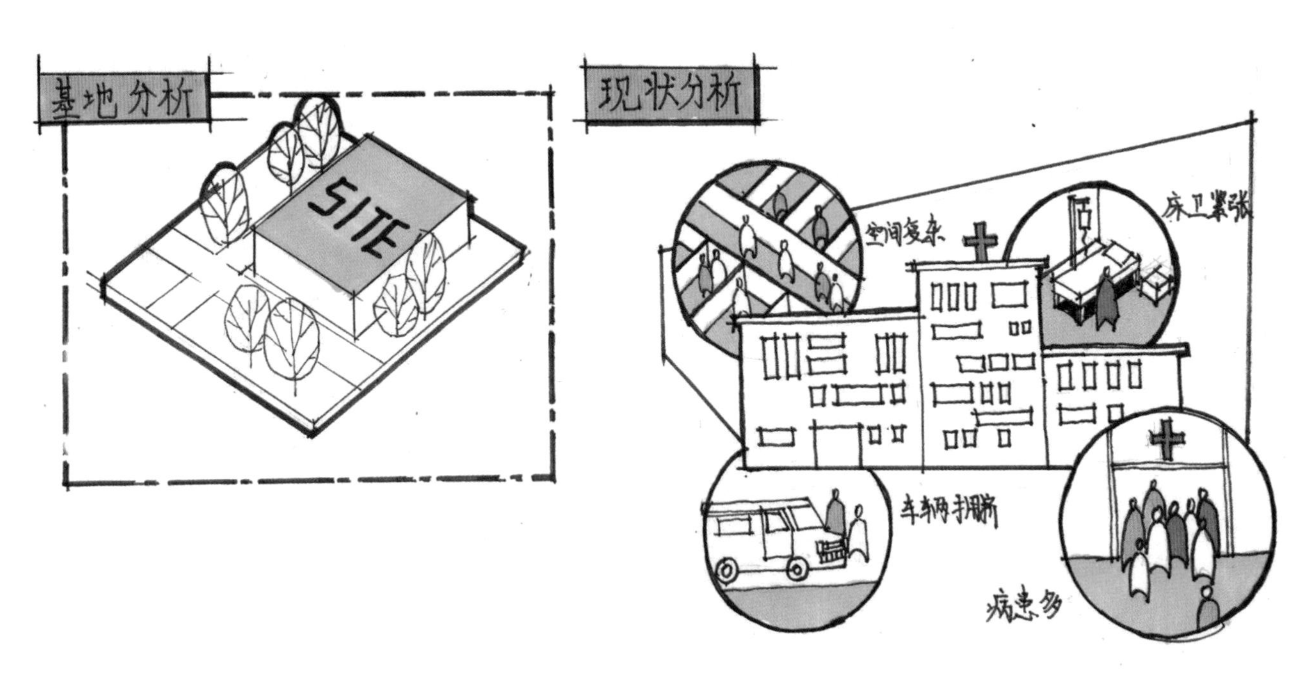

图 3-49

图 3-50

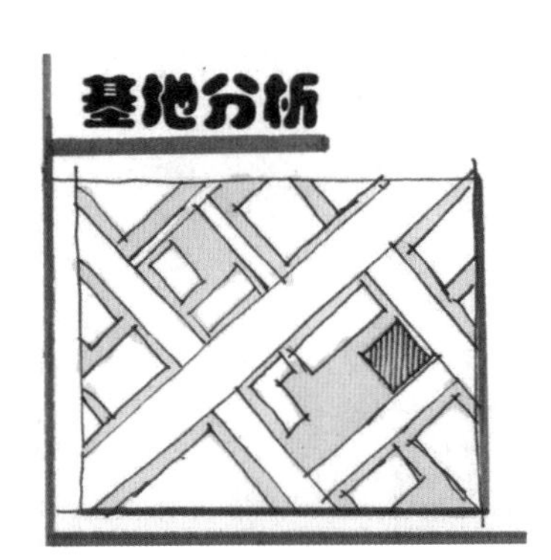

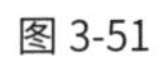
图 3-51

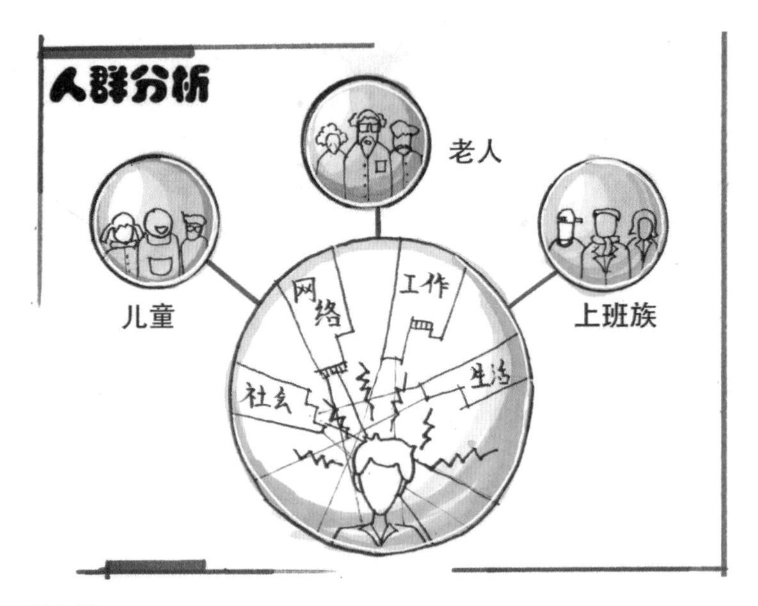

图 3-52

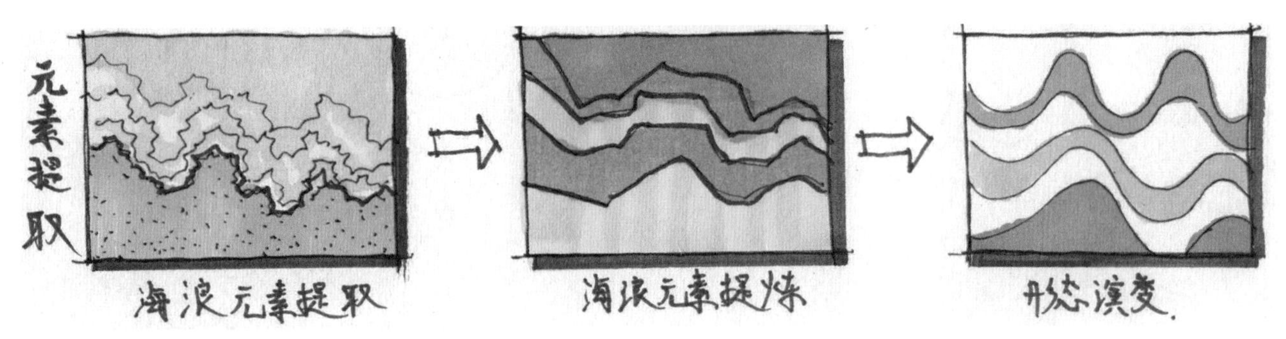

图 3-53

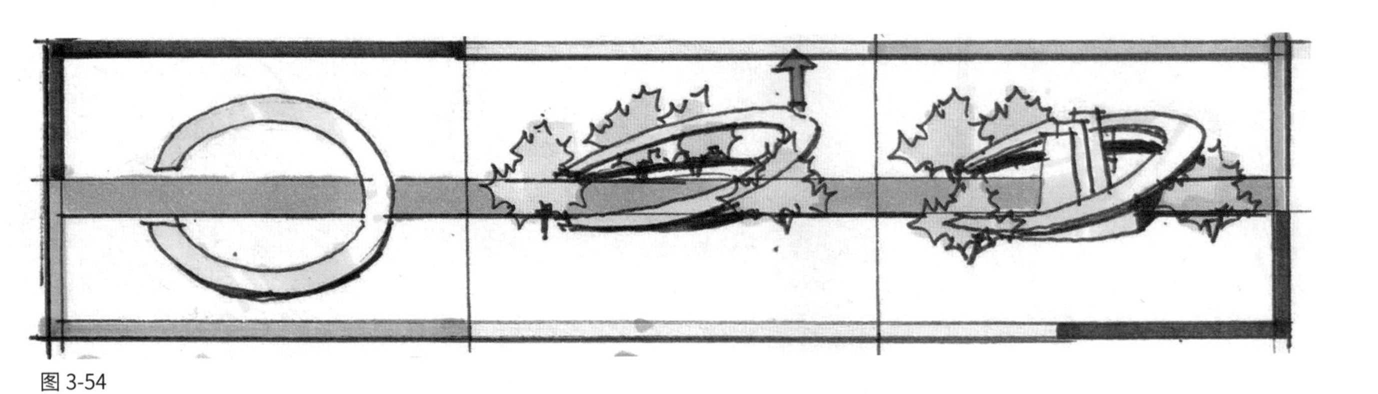

图 3-54

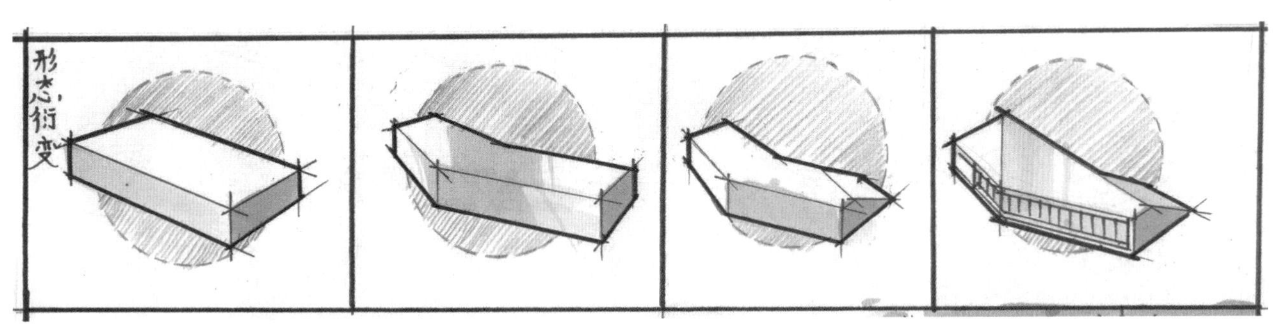

图 3-55

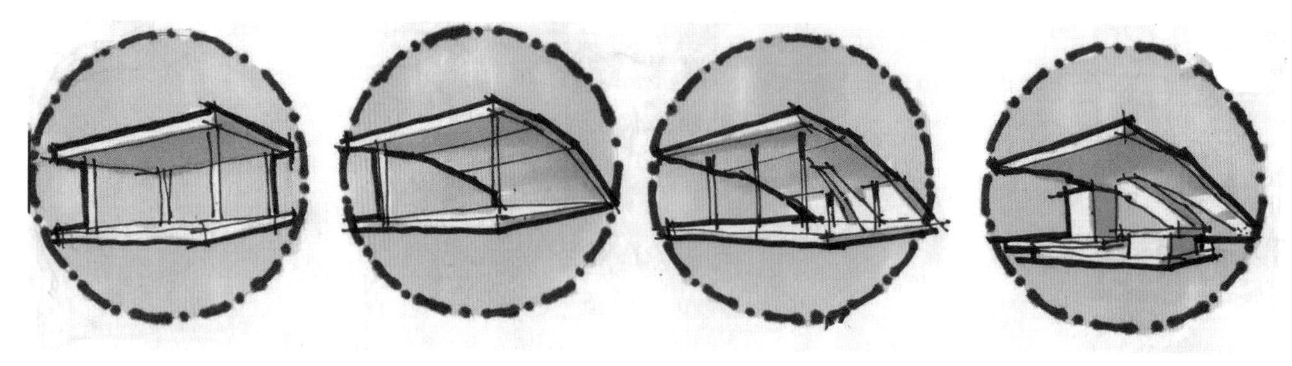

图 3-56

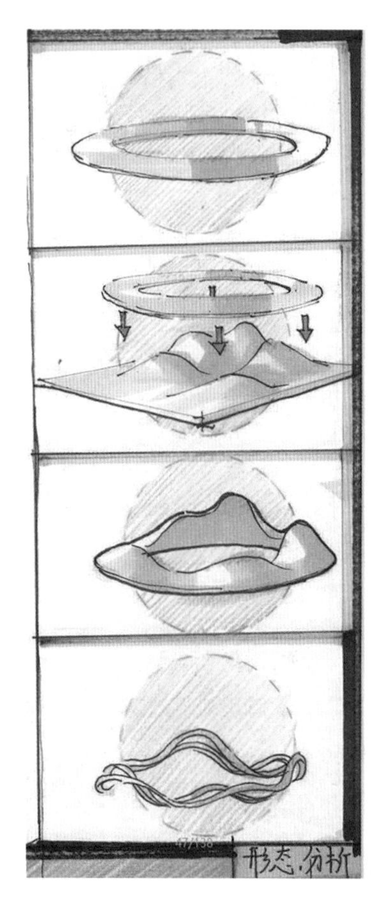

图 3-57

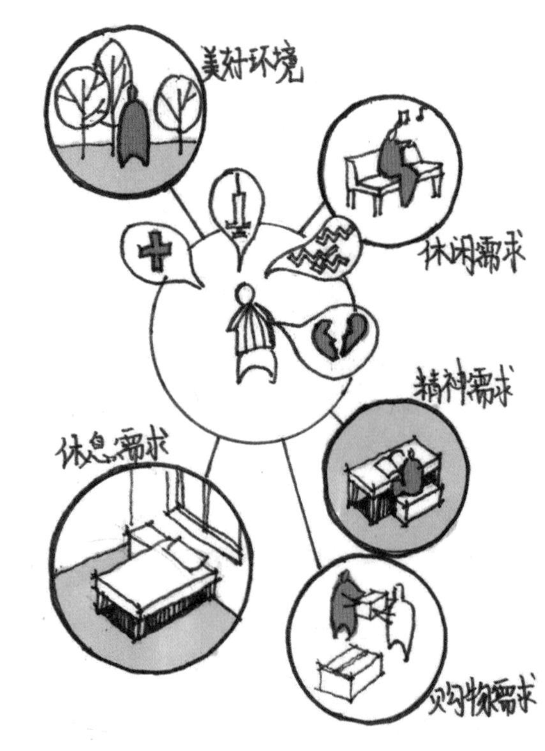

图 3-58

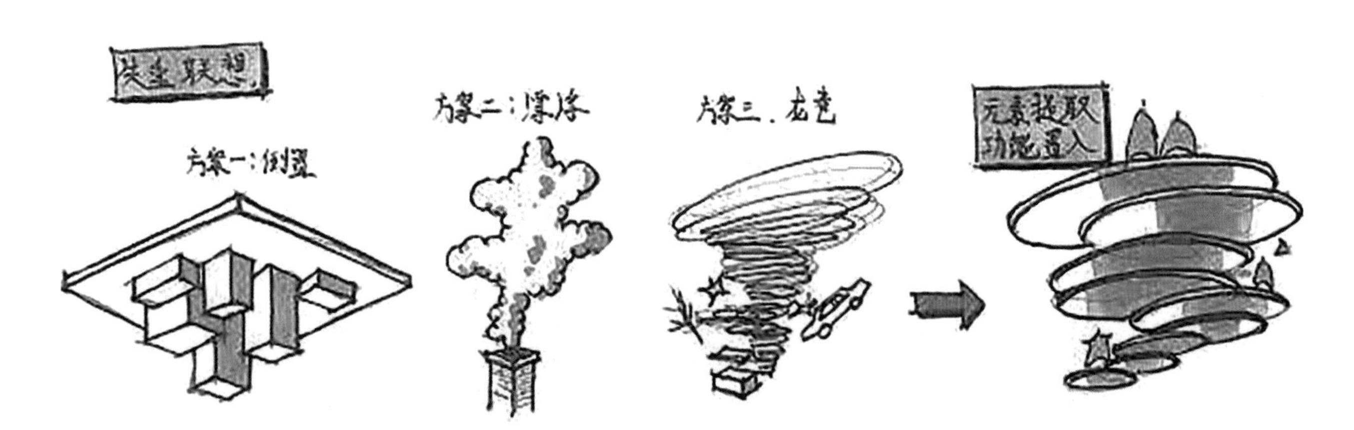

图 3-59

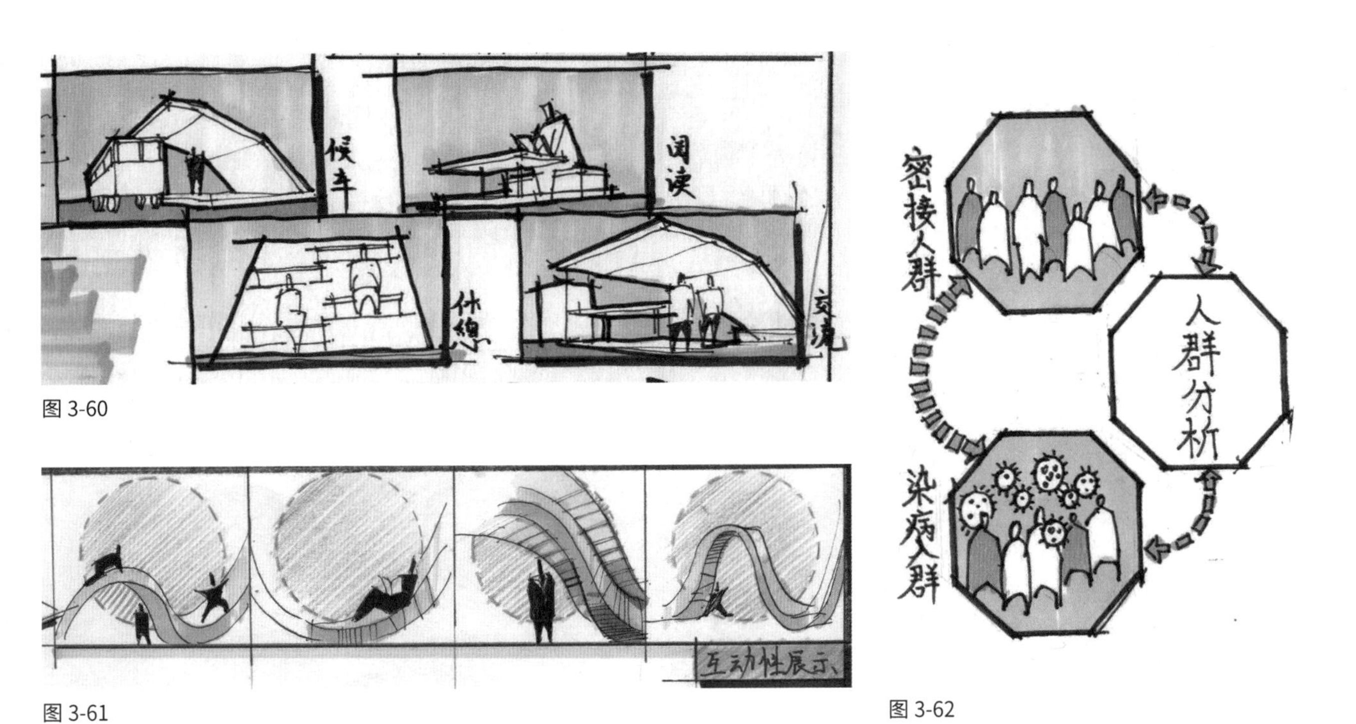

图 3-60

图 3-61

图 3-62

箭头和人的画法应尽可能简单，并达到较好的视觉效果，功能性小图标可以起到很好的标识作用（图 3-63 ～图 3-65）。

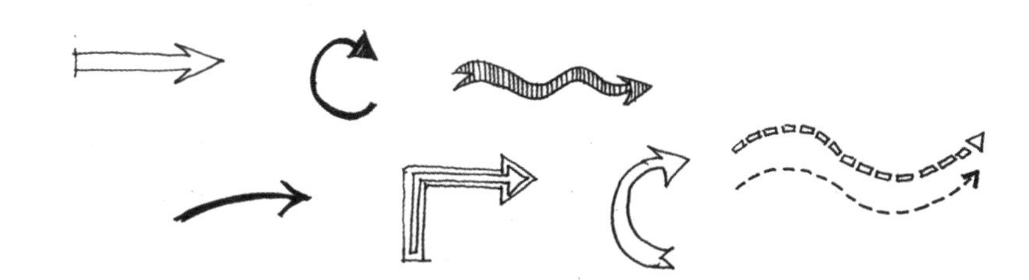

图 3-63

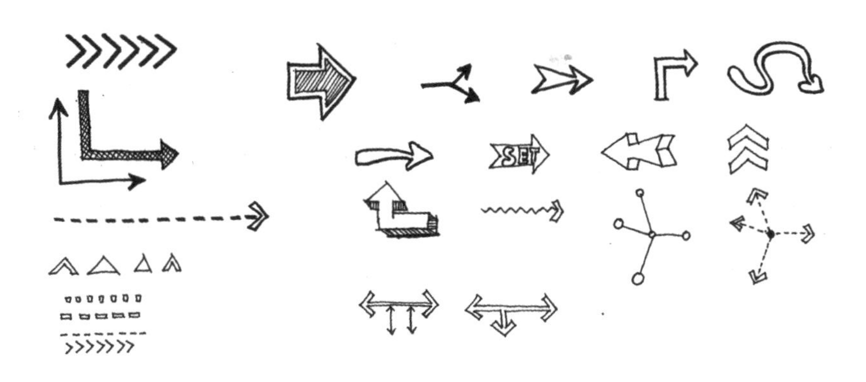

图 3-64

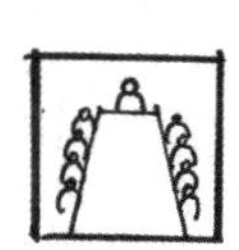

图 3-65

造型演变的图需要发挥想象力，多做逆向推导，可以先从设计好的造型去逆推创作者的设计过程（图 3-66 ～图 3-69）。

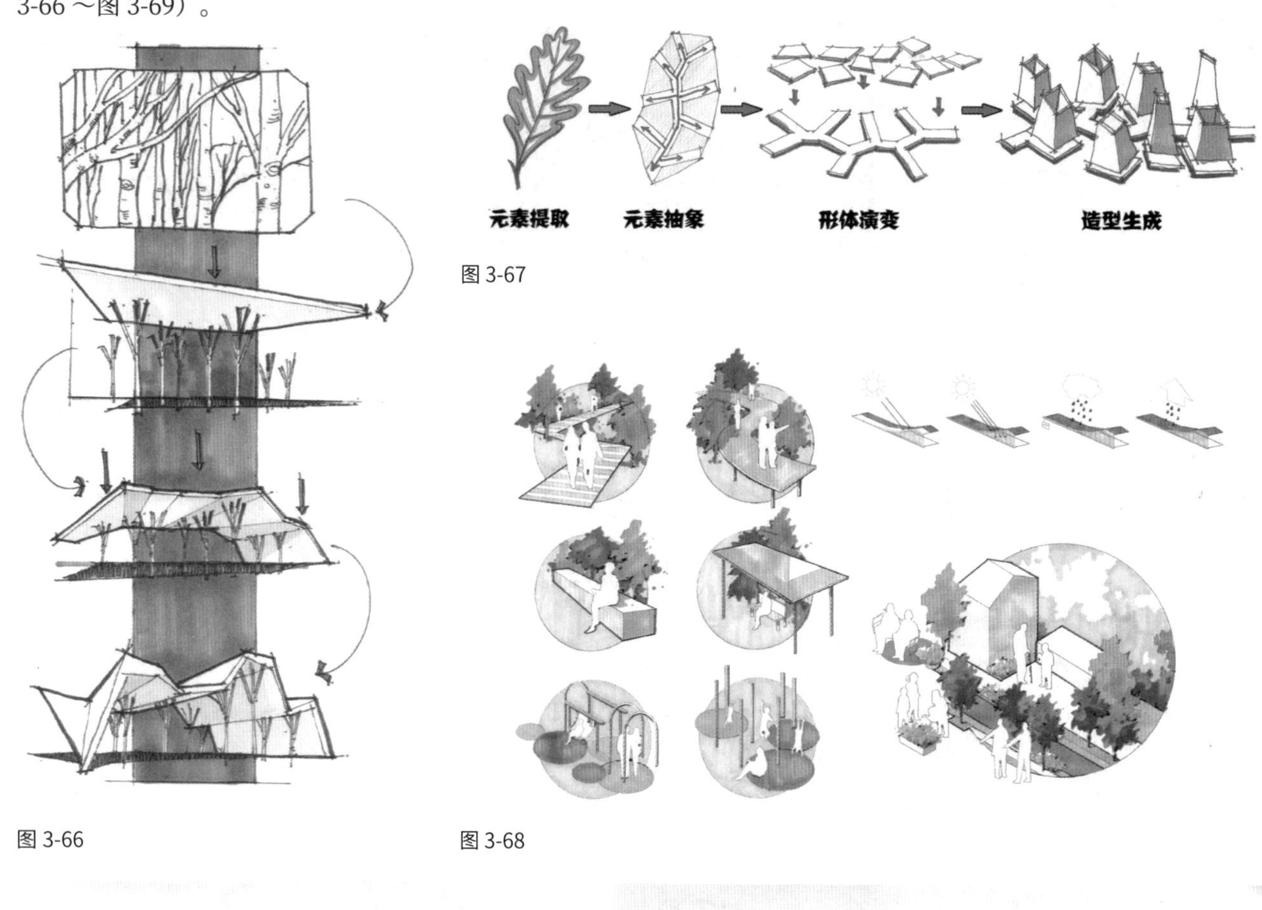

图 3-67

图 3-66

图 3-68

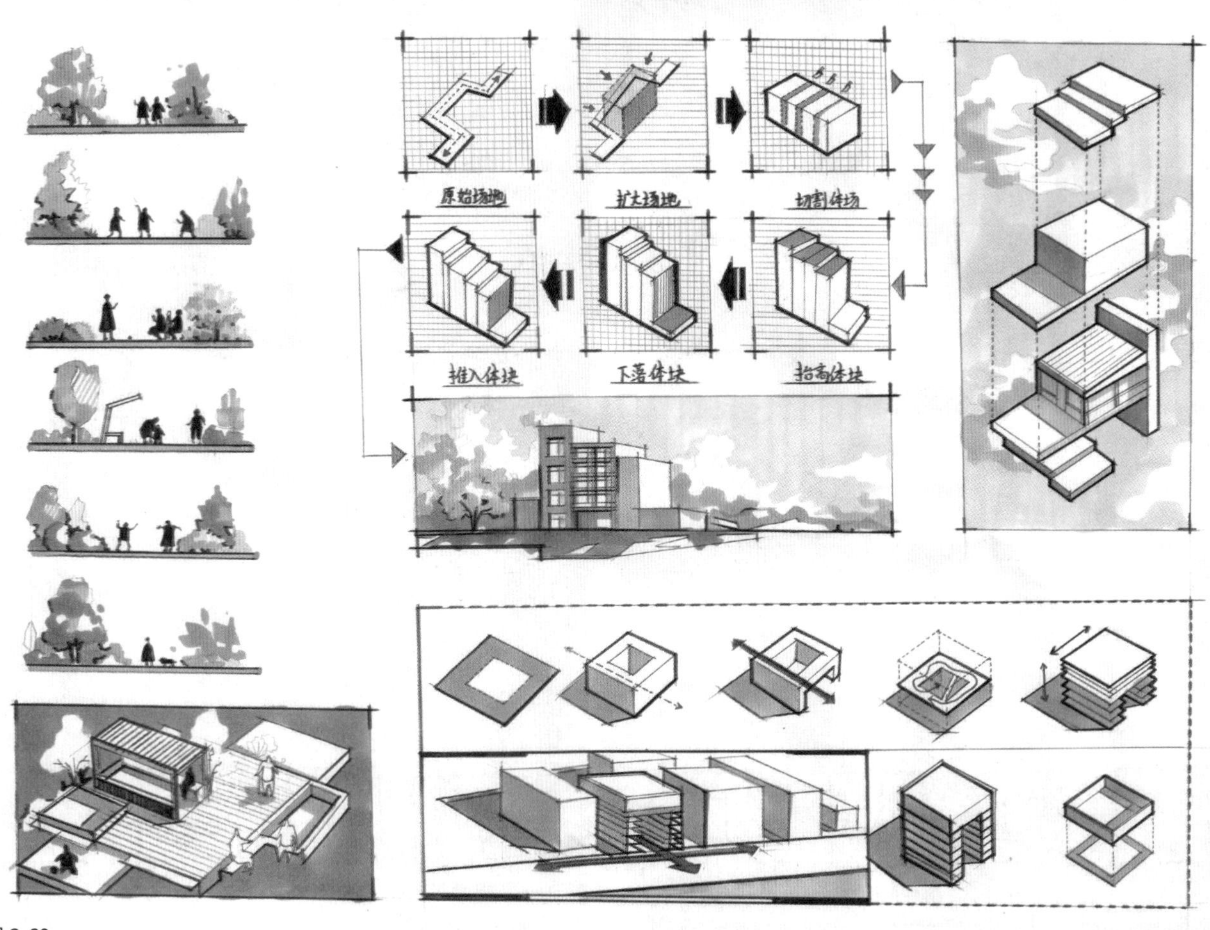

图 3-69

3.4 小体量建筑制图规范

（1）总平面图

总平面图是设计的策略。用水平投影法和相应的图例，在画有等高线或加上坐标方格网的地形图上，画出新建、拟建、原有和要拆除的建筑物、构筑物的图样。

① 制图步骤

A. 铅笔稿宜清淡，注意铅笔稿阶段一定要把文字标注部位做好标记，以免遗忘。

B. 建筑墨线宜选用中等粗细的绘图笔绘制，力求准确、清晰，注意尺度感。一般建筑轮廓线会加粗。

C. 环境墨线宜选用最细的绘图笔绘制，主要起到底图的衬托作用，注意不要和标注混淆，应该突出标注和建筑。

D. 正确的阴影表达可以很好地表达图底关系，建筑和植物都要上阴影，注意统一阴影线条的方向。颜色用马克笔 120 或者整幅图明度最低的颜色。

E. 标注包括场地外部——周边环境、建筑及其名称、场地外道路及其名称等；场地内部——图名及比例、建筑红线（红色粗虚线，无用地红线时用粗点画线表示）、用地红线（红色粗点画线）、指北针（指北方向偏转角度不宜大于 45°）、场地各个入口标注、建筑定位尺寸标注（单位为 m）、经济技术指标、场地内绿化等；建筑主体及其相关内容——建筑首层轮廓线或屋顶轮廓线（加粗）、建筑女儿墙或坡屋顶屋脊线、建筑物首层看线（台阶、道路等）、建筑层数、建筑功能、建筑主次入口、楼层标注等；车流组织——场地内道路及中心线、停车位、道路转弯半径、道路宽度等。

F. 总图的配色应该稳重，避免使用纯度太高的颜色，新建建筑一般以留白的方式体现，机动车道和停车位不上色，而周围环境以平涂的方式满布，以突出新建建筑（图 3-70、图 3-71）。

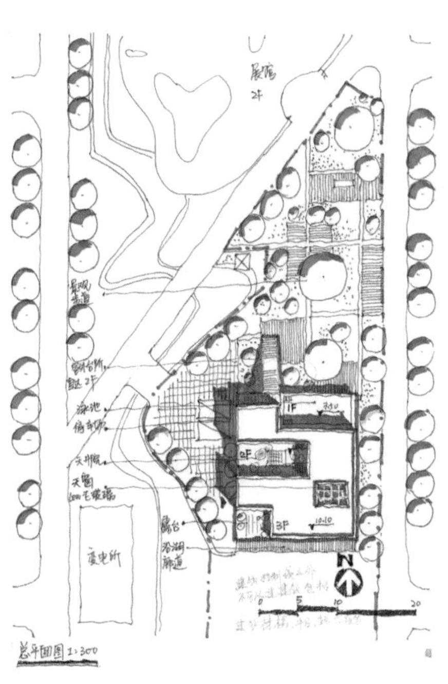

图 3-70

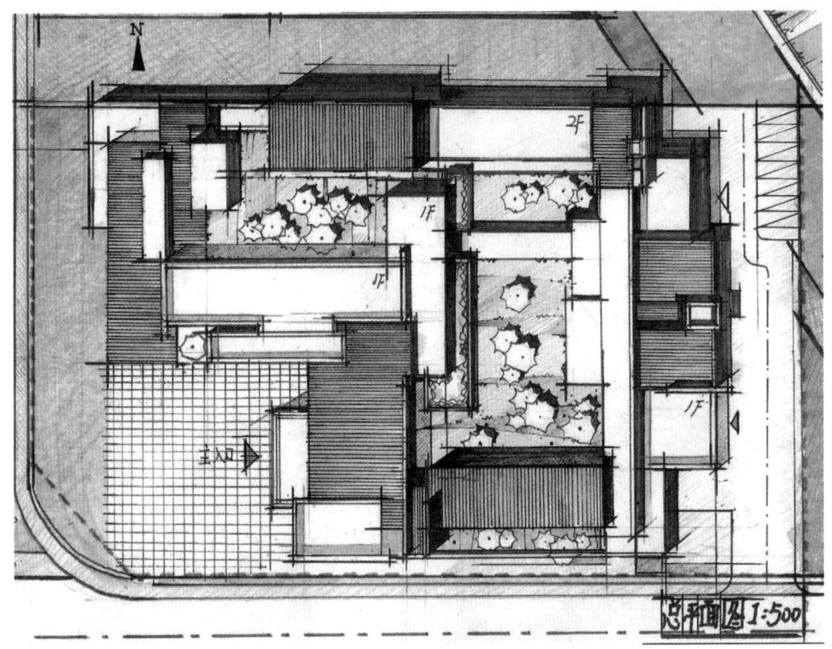

图 3-71

② **注意事项**

A. 用地红线用粗点画线表达，建筑红线用粗虚线表达。

B. 场地标高精确到小数点后 2 位，一般选择在建筑出入口位置标注。

C. 最好将任务书上的图全部拓下来，保留场地地形和等高线，尽可能多地表达场地周围环境。

D. 技术经济指标，包括用地面积、总建筑面积、占地面积、建筑密度、容积率、绿地率、建筑层数、停车位（技术经济指标放在总平面图旁）。

E. 设计说明，表达设计思路的文字，50 字左右即可。

(2) 平面图

建筑平面图是设计的布局。假想用一水平剖切平面，在某门窗洞口（距离楼地面高度为 1.2—1.5 m）的范围内，将建筑物水平剖切开，对剖切平面以下部分所作的水平正投影图即平面图。

① **制图步骤**

A. 铅笔稿（草图）。

画轴线：先将一个方向的轴线打完（图 3-72），然后将另一个方向的轴线完善（图 3-73），再将一些较小的隔墙的轴线标示出来（图 3-74）。

画墙体、门和窗：先用铅笔沿着轴网的定位将墙体描黑，留出门和窗的位置（门和窗可以用打圈的方式突出，方便绘制）。

B. 马克笔（正图）。

画墙体：用深色马克笔表示出墙体，并以之前绘制的铅笔稿轴线为中线进行绘制，遇到门窗标注的位置则跳过，完成墙体的填充绘制。

C. 绘图笔（正图）。

用绘图笔墨线把刚才完成的填充墙的墙线补上，完成墙体的收边工作，并在门窗标注的部位将门窗细节补上，注意门的开启方向和宽度。

D. 其他细节标注。

平面图最主要的还是要突出建筑主体，此步骤都用最细的绘图笔绘制，如建筑周边环境、铺装、各个标注，以及箭头、楼梯间、厕所等。

图 3-72

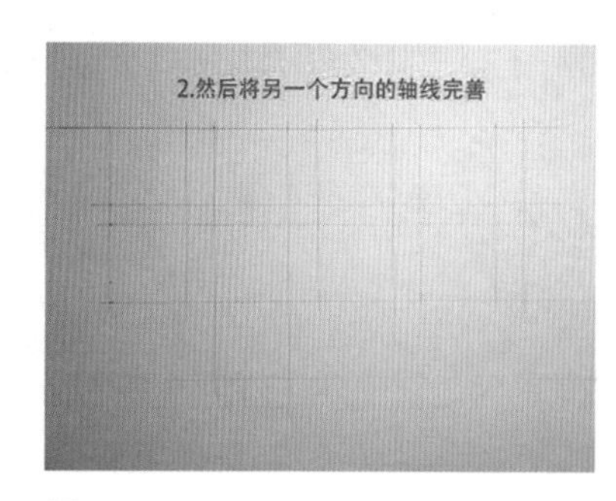

图 3-73

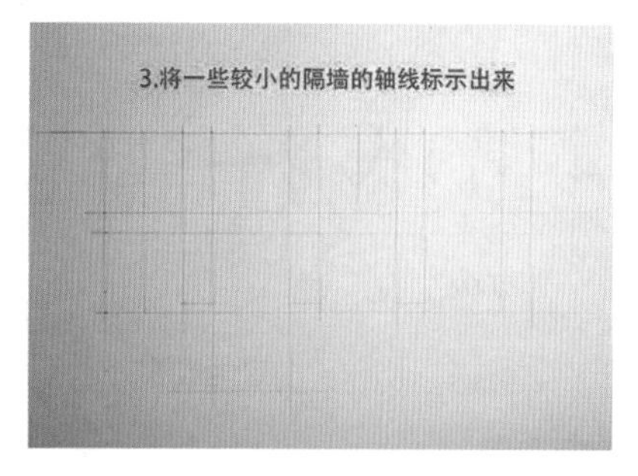

图 3-74

② **注意事项**

墙：墙线一般分为表示承重墙和非承重墙的墙线，或者是表示玻璃墙的墙线（图 3-75 ～图 3-80）。

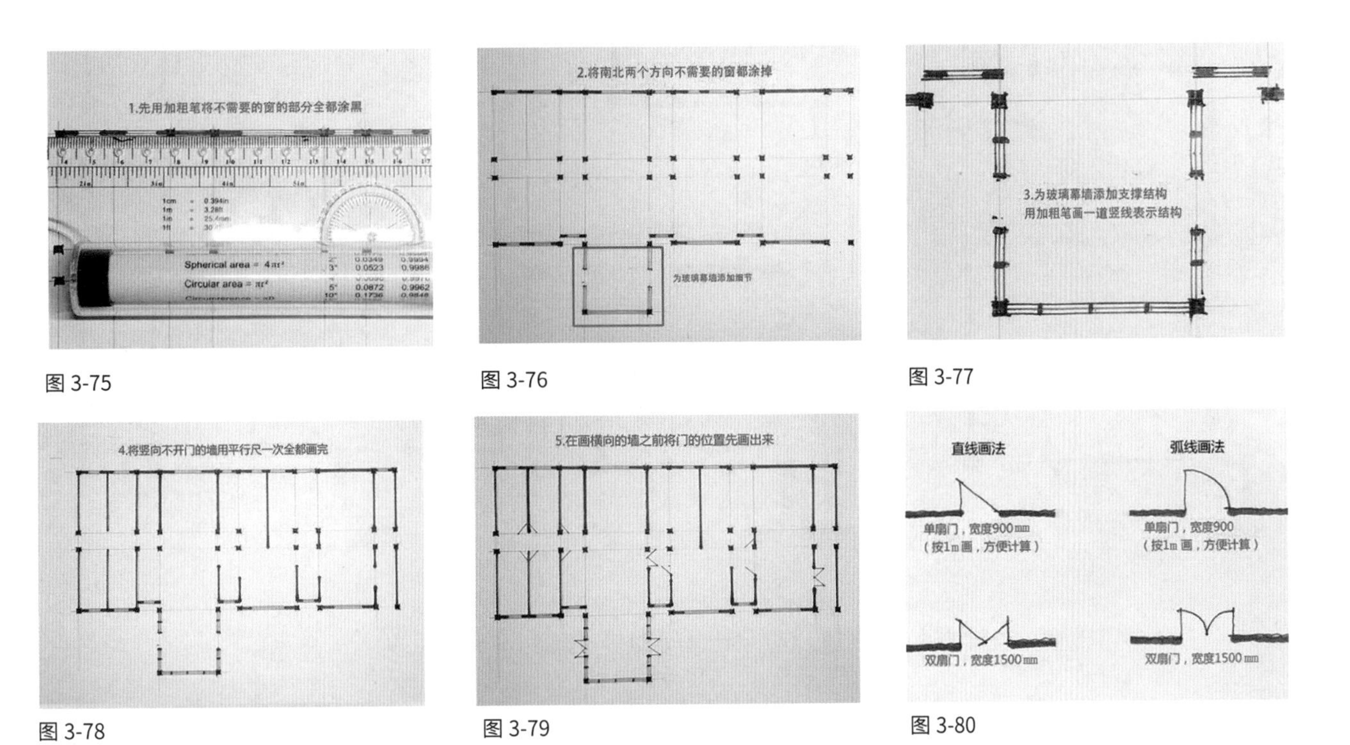

图 3-75　图 3-76　图 3-77

图 3-78　图 3-79　图 3-80

柱：快题设计一般以方柱为主，多层建筑柱截面尺寸一般为 400 mm×400 mm。

门：单扇门（最常用）900 mm，卫生间、设备间的门 800 mm，双扇门 1500 mm，入口处的门 1800 mm。门在墙上的布置注意预留起码的门垛宽度，以方便安装，门垛宽度不小于墙厚宽。

窗：采用中等线型双线（高窗外侧两条剖到墙的线是实线，而内侧两条剖到窗的线是虚线）（图 3-81、图 3-82）。

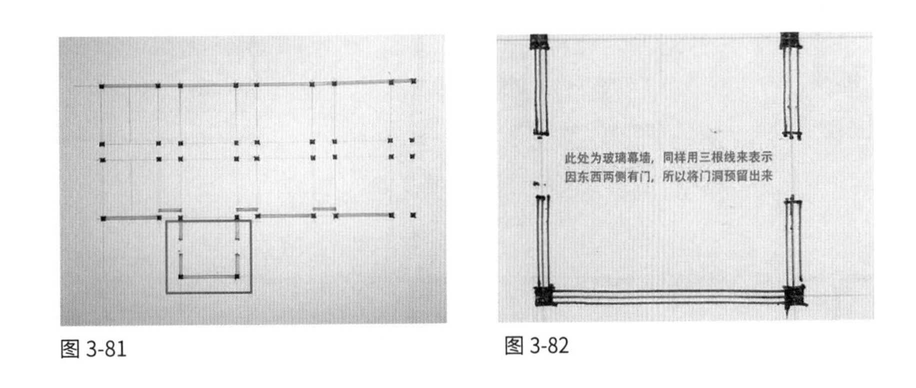

图 3-81　图 3-82

楼电梯：注意首层楼梯、中间层楼梯、顶层楼梯的画法要有所区别，并且带有箭头标识。注意踏步数量与层高的关系，踏步宽度要依据设计的宽度。电梯需要绘制轿厢、平衡块、门（图 3-83 ～图 3-88）。

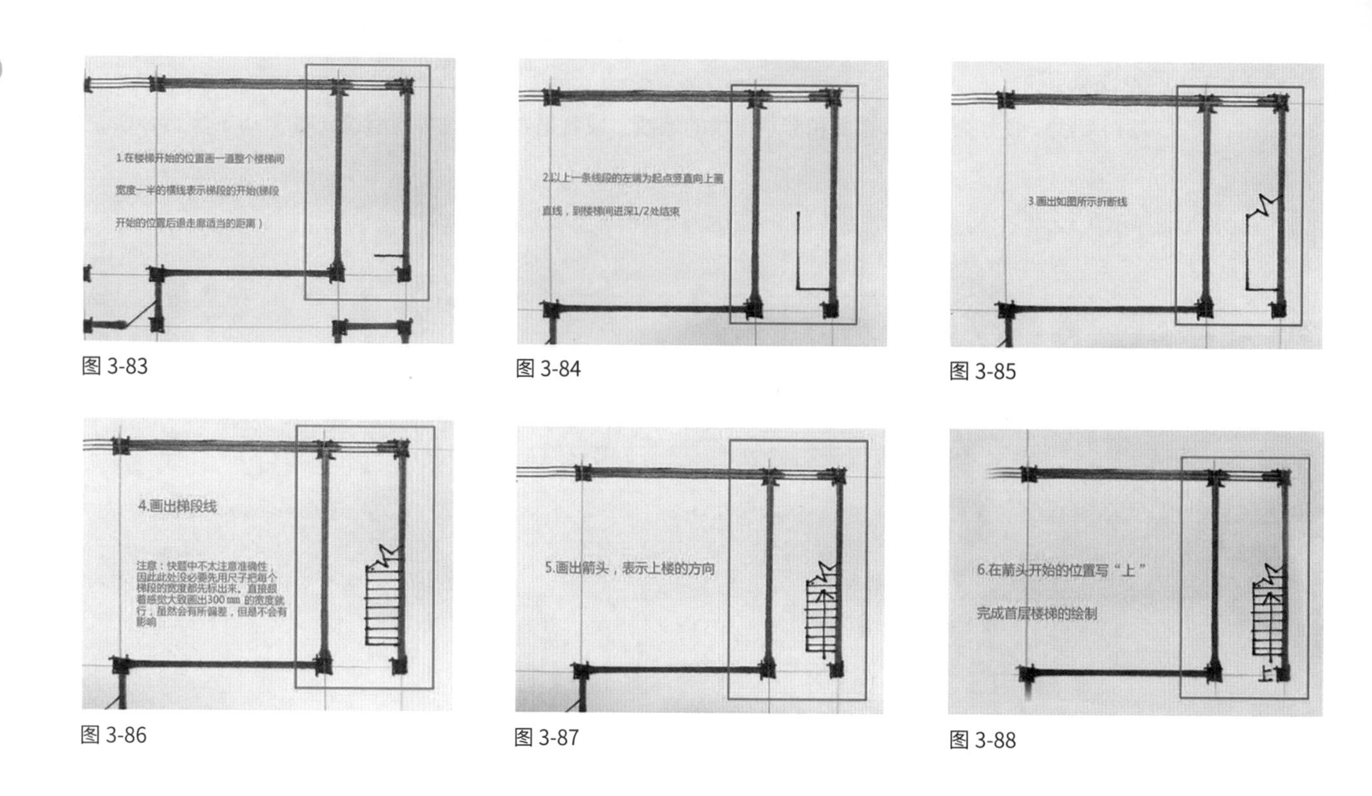

图 3-83

图 3-84

图 3-85

图 3-86

图 3-87

图 3-88

卫生间：绘制蹲位、小便池、洗手台、分水线等（图 3-89 ～图 3-99）。

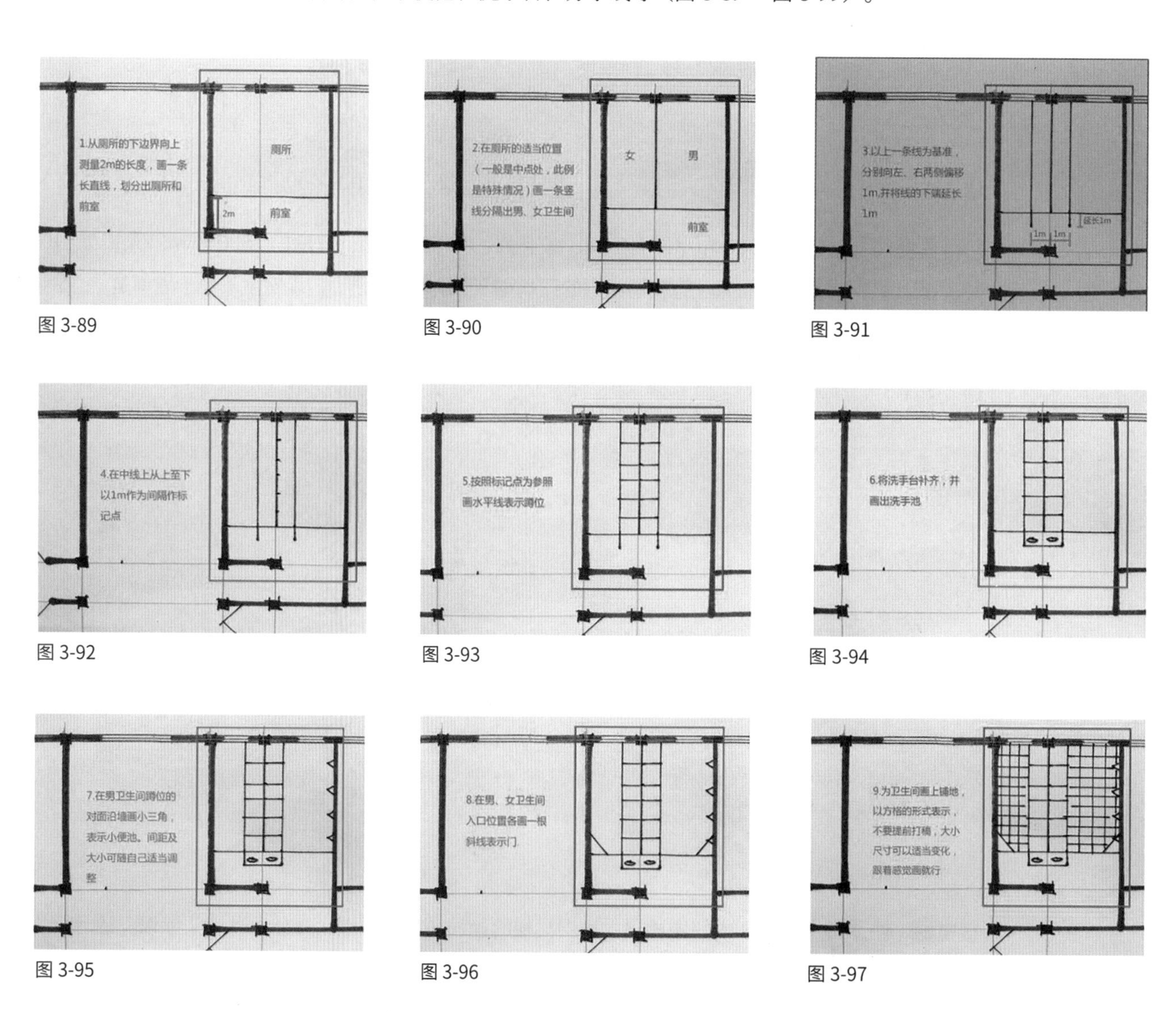

图 3-89

图 3-90

图 3-91

图 3-92

图 3-93

图 3-94

图 3-95

图 3-96

图 3-97

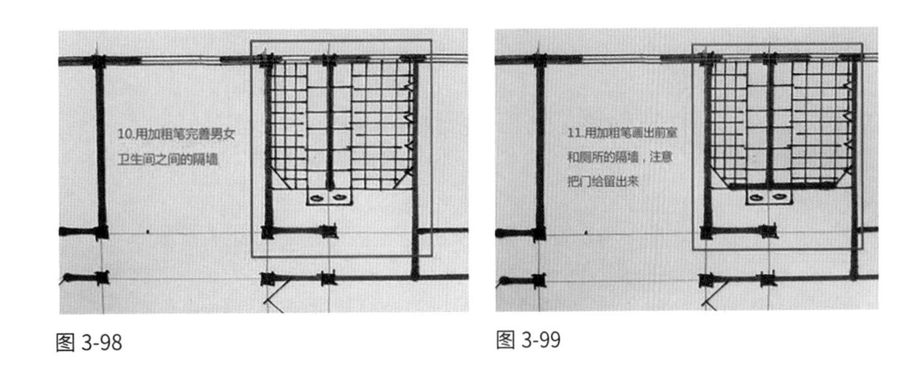

图 3-98　　图 3-99

入口与环境：入口一般分主入口和次入口。主入口相对来说比较重要，由休息平台（公建不小于 1500 mm）、台阶（一般是 3 级台阶）、残疾人坡道（快题中大致按 10% 的坡度计算）及符号标注组成（图 3-100 ～图 3-105）。

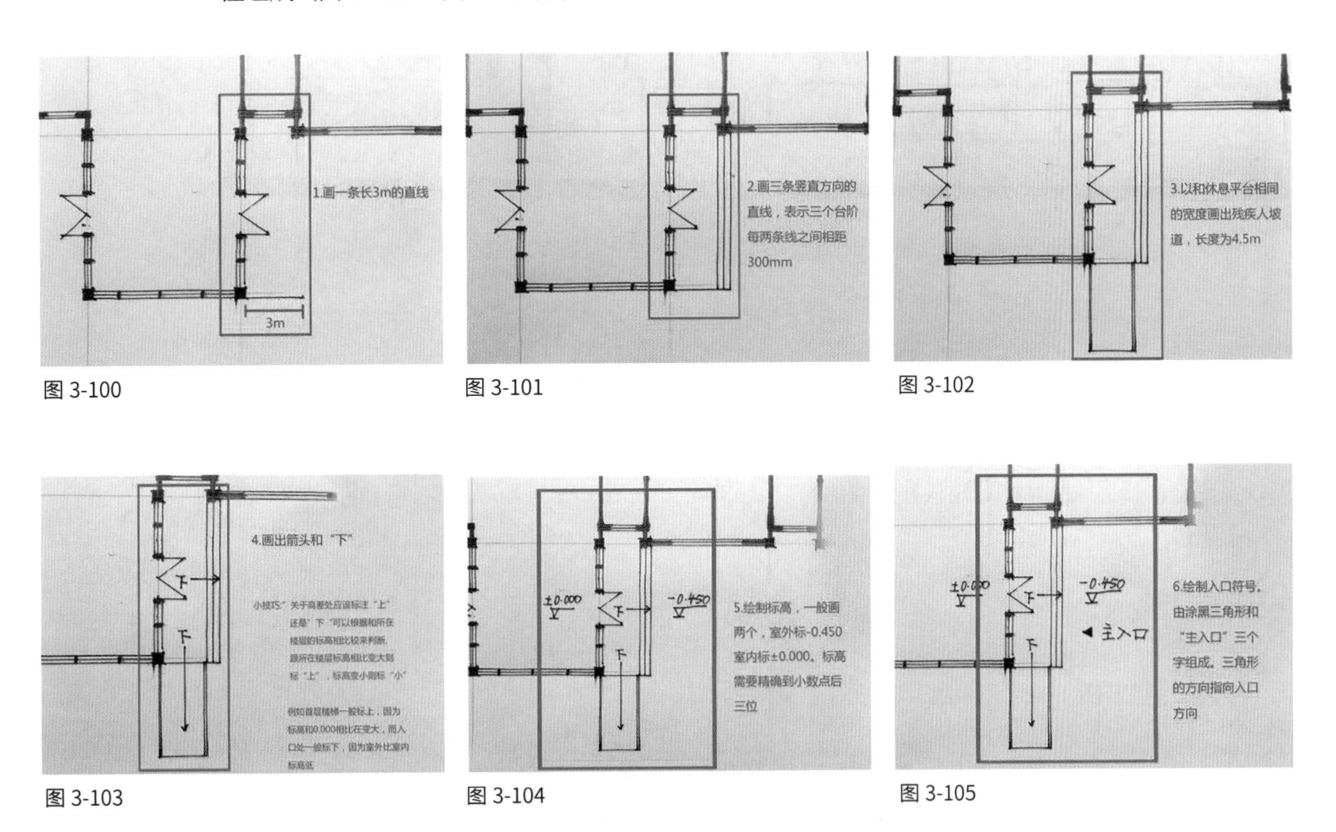

图 3-100　　图 3-101　　图 3-102

图 3-103　　图 3-104　　图 3-105

比例尺与图名：图名的标注形式为图名写于粗实线上方，比例尺紧跟其后，粗实线在上，细实线在下，如图 3-106。

图 3-106

（3）立面图

立面图是在与房屋立面平行的投影面上所作的房屋的正投影图。

① 制图步骤

铅笔定基本轮廓：画出建筑外轮廓和各层楼板的位置，并以此为基础标注门、窗、洞口等。

墨线完成基本图形绘制：注意建筑外轮廓要加粗并标注标高。室外地坪要加粗，并标注图名和比例尺。

上色：主要区分材质和光影，背景建议单色平涂，以衬托主体（图 3-107）。

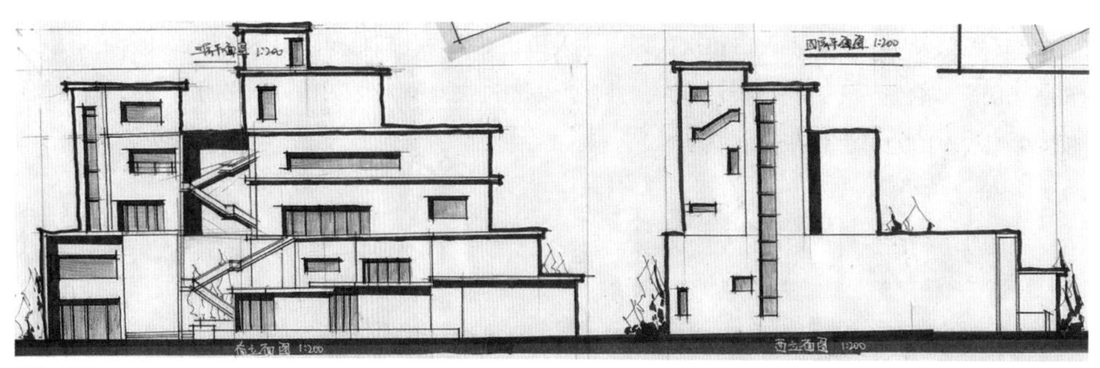

图 3-107

② 注意事项

铅笔定基本轮廓：画出建筑外轮廓和各层楼板的位置，并以此为基础标注门、窗、洞口等。

墨线完成基本图形绘制：注意建筑外轮廓加粗，以及标高的标注，室外地坪加粗。另外，注意图名标注和比例。

上色：如图 3-108。

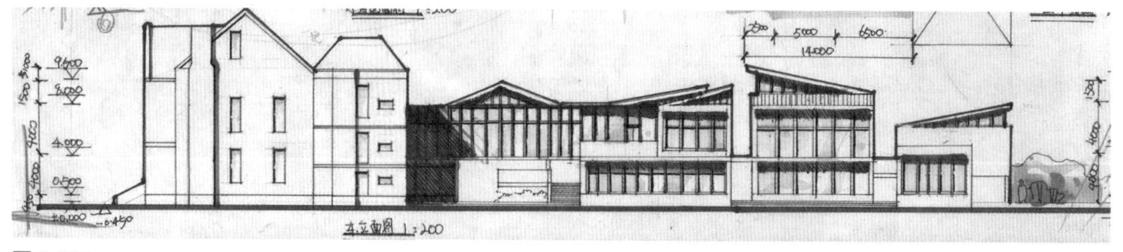

图 3-108

（4）剖面图

剖面图是假想用一个剖切平面将物体剖开，移去介于观察者和剖切平面之间的部分，对于剩余的部分向投影面所作的正投影图。

① 制图步骤

柱网：确定各楼面标高，以及各柱跨的具体位置。

剖切到的面：绘制各楼面被剖切的承重构件，如梁、板。先绘制被剖切的建筑构件有助于减少疑惑，明确绘制主体。

补充看线（没有剖到，但是看得见的）：用墨线补齐各看线以及标注。完善梁、板、柱，完善剖到的墙体、女儿墙，栏杆用双线绘制。紧接着完善看到的墙体、女儿墙、栏杆、楼梯、坡道、台阶。

标注：标注房间名称、剖面标高系统、配景（图 3-109）。

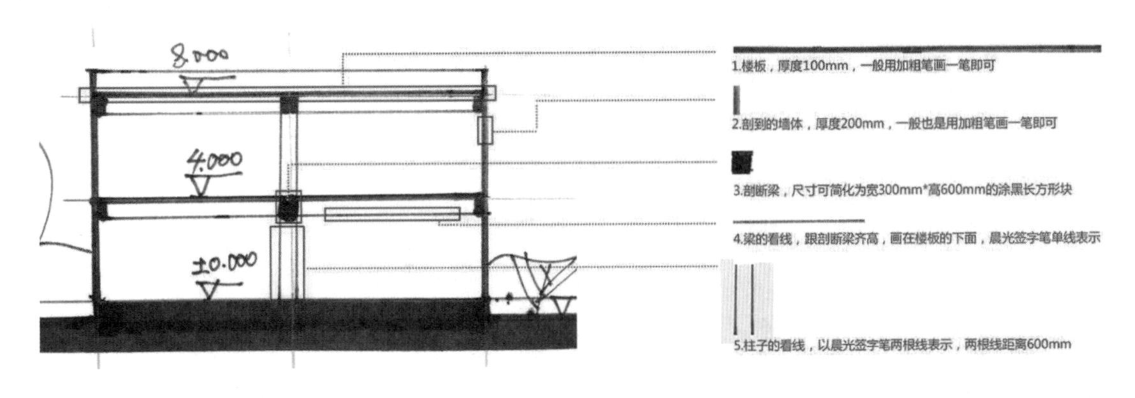

图 3-109

② 注意事项

标高应该标注被剖切到的外墙门、窗、洞口的标高，室外地坪的标高，檐口、女儿墙顶的标高，以及各层楼地面的标高。

楼梯剖到处涂黑，看到的楼梯画线绘制，不涂黑。楼梯栏杆一般高 1.2 m，注意在楼梯处表达梁（平台梁、梯口梁）、板、柱的关系。

楼板宽 100 mm，梁高 800 mm 左右，梁宽 350 mm 左右，承重墙体厚 200—300 mm，轻质隔墙厚 50—100 mm，栏杆宽 50—100 mm，玻璃幕墙厚 20—50 mm。地坪、楼板全部涂黑，剖到的梁涂黑。

注意入口处建筑与室外平台的高度差。剖到的承重墙涂黑，剖到的非承重墙不涂黑，保持空心（图 3-110、图 3-111）。

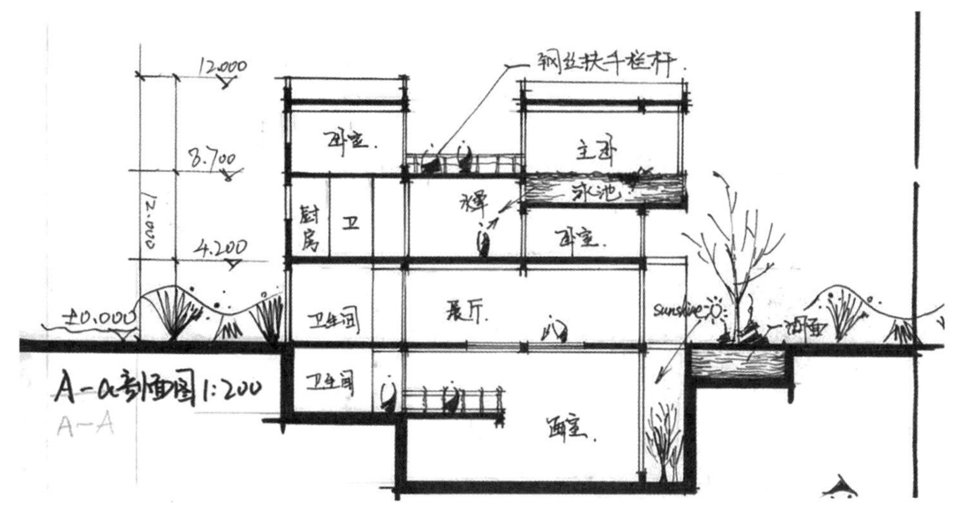

图 3-110

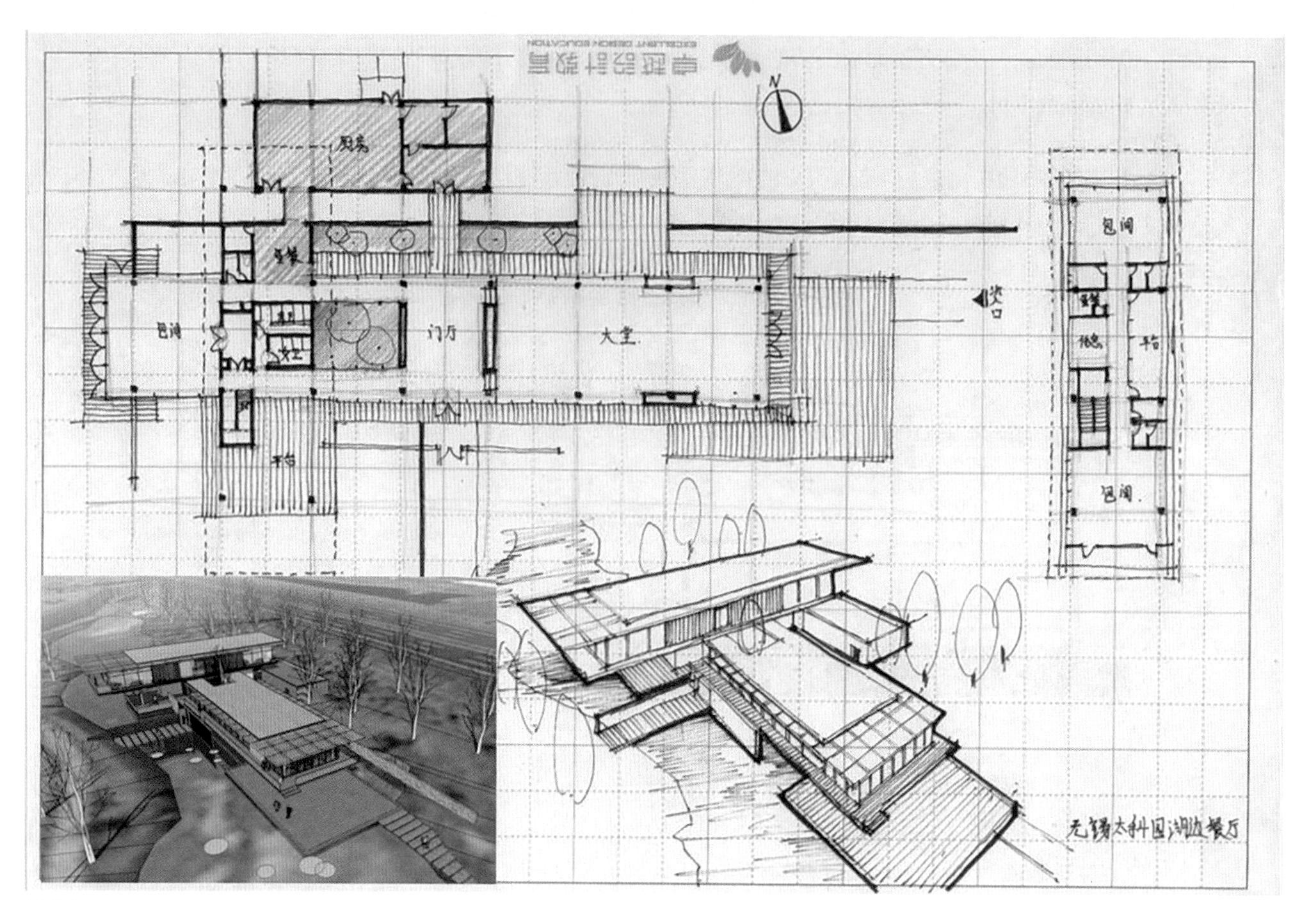

图 3-111

4

快题版式设计与配色

4.1 版式设计原则

快题的表现力呈现包含以下四个原则。

风格明确。采用暖色调、冷色调或冷暖色搭配。切忌用色混乱，风格不定。

排版均衡。注意上色密度高的图纸部分不要都挤到一边。

灵活调整。根据主体物形状调整排版。

胆大心细。注意图名等标注不要缺失。

简单来说，一套合格的快题至少具备以下几项内容：总平面图——设计的策略；效果图——设计的直观表达；立面图——对竖向表达进行整理；分析图——表达场地逻辑思维；设计说明——辅助图纸表达，逻辑清晰，传达中心思想。其中，最重要的三张图是总平面图、效果图、分析图。这三类图项的表达及位置将直接决定整张图纸的直观表现力，是快题中必须要画完的图项（图 4-1 ～图 4-4）。

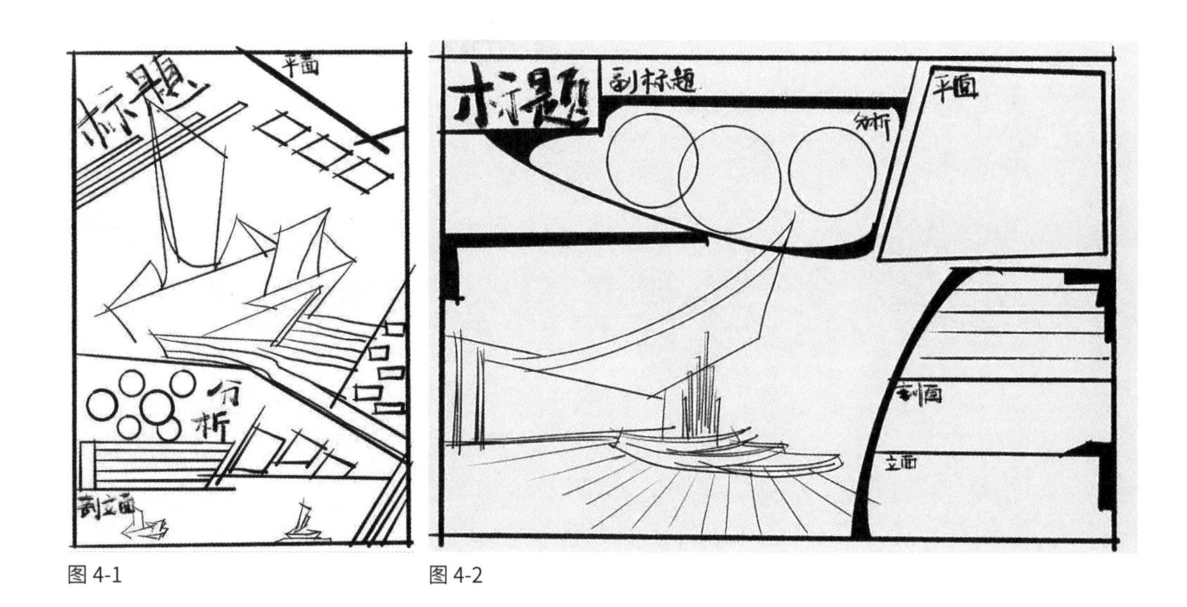

图 4-1

图 4-2

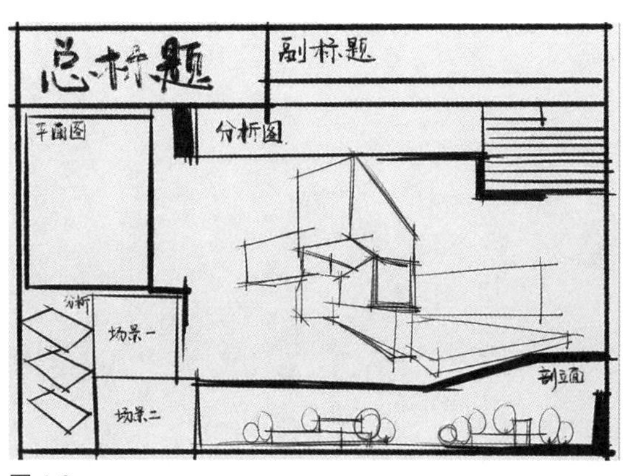

图 4-3

图 4-4

快题排版及各张图纸的位置应该在上板绘制正图前就考虑清楚。可以用铅笔大致确定各张图纸的大小、范围、位置，避免到了墨线阶段出现图纸过大或过小的情况（图 4-5 ～图 4-14）。同时，在快题排版时应充分考虑以下注意事项。

符合阅读习惯，把重点图放在明显的位置，且占的版面较大。宜以效果图或者平面图为主。

分区明确。同一类型的图纸尽量放在同一区域，如剖面图和立面图尽量放在一起，不要分开放置。分析图可以为了协调版面分开放置。

水平并列放置的图纸要大小不等。在上下方向上尽可能营造一些错位的效果，效果图不一定是规则的长方形。其他图纸可适当占用效果图不重要的边角，这样可以使排版更加生动、灵活。

版面装饰中尽量多用黑色。粗细、长短不一的黑色色块能很好地拉开画面的黑白效果，提升画面冲击力。

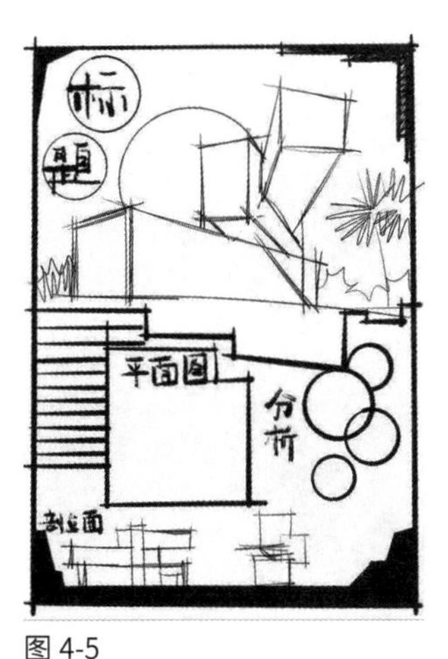

图 4-5

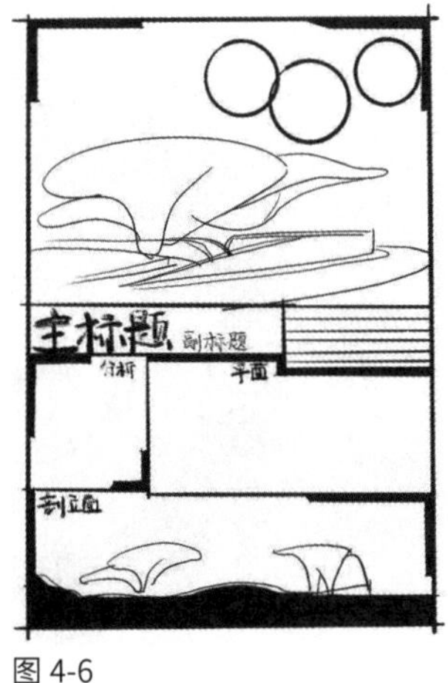

图 4-6

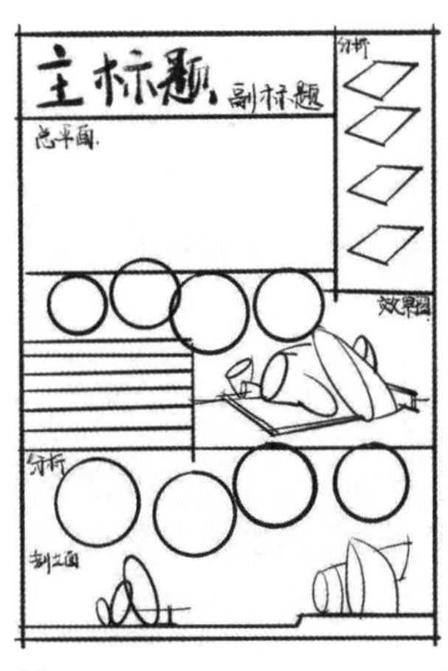

图 4-7

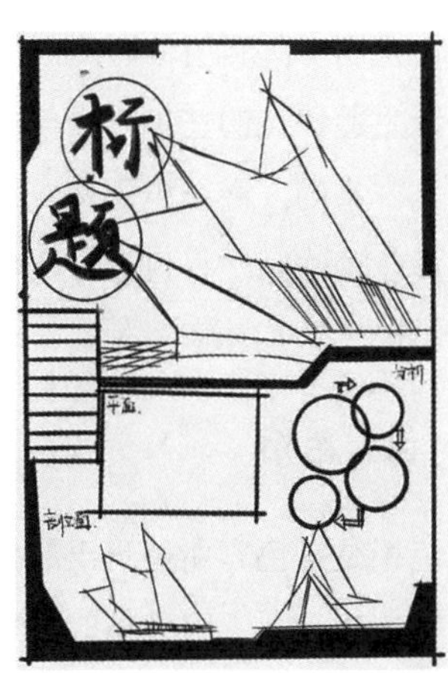

图 4-8

大标题
总平图
小标题
文化元素分析
景观小品
植物配置
设计思维
节点详图
节点详图
剖面图
设计说明
空间节点
空间节点
效果图
分析图
分析图
分析图

图 4-9

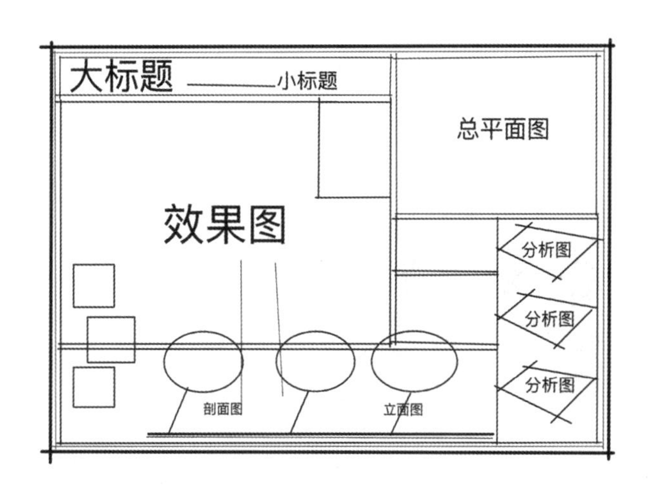

图 4-10

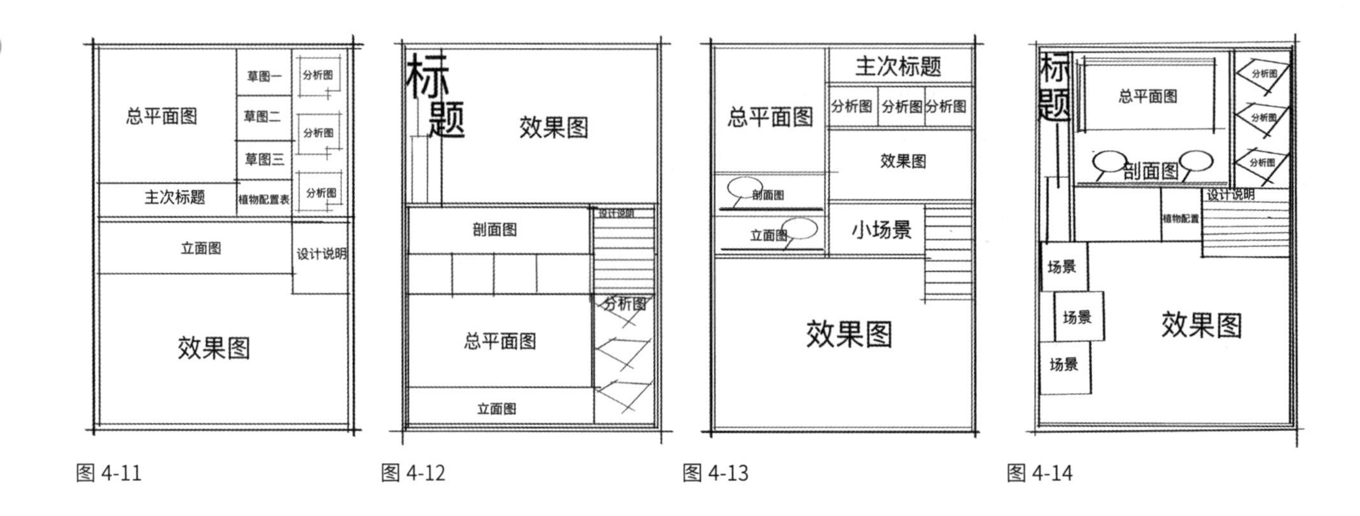

图 4-11　　图 4-12　　图 4-13　　图 4-14

4.2 配色原则与方法

在快题中，利用色彩的搭配可创造适合于表达设计主题特点的艺术效果与图底效果。色彩的语言是丰富的，遵循色彩构成的均衡、韵律、强调、反复等法则，将色彩合理地组织搭配，就能产生和谐、优美的视觉效果。

（1）色相

色相是指色彩所呈现出的相貌，通常以色彩的名称来体现。不同色相的搭配组合可以形成色彩的对比效果，并对画面起到决定色彩基调与区分色彩面貌的作用（图 4-15）。

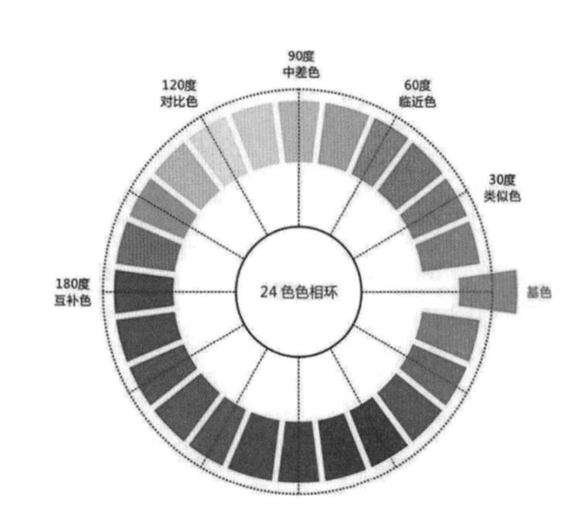

图 4-15

（2）明度

明度是指色彩的明暗程度，可以理解为将彩图变成黑白图，越黑则明度越低。明度可以体现色彩的层次感与空间感。在无彩色中，白色的明度最高，黑色的明度最低；在有彩色中，黄色的明度最高，紫色的明度最低（图 4-16）。

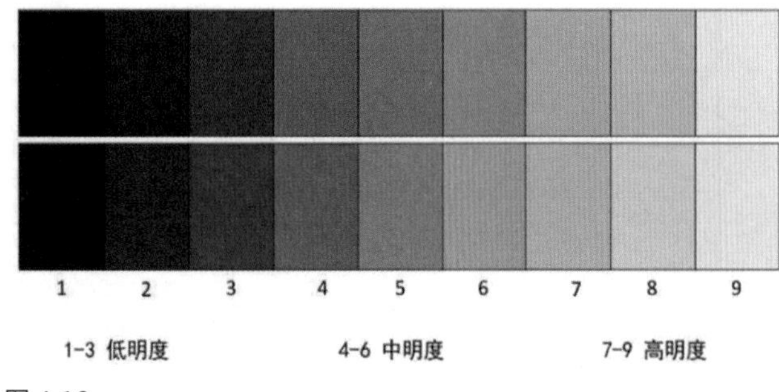

图 4-16

（3）纯度

纯度是指色彩的饱和程度与鲜浊程度。人类的视觉能辨别出来的颜色都是有一定的纯度的，如当一种颜色表现为最纯粹、最鲜艳的状态时，即处于最高纯度。不同的色相具有不同的纯度，不同纯度的变化使色彩更加丰富（图 4-17）。

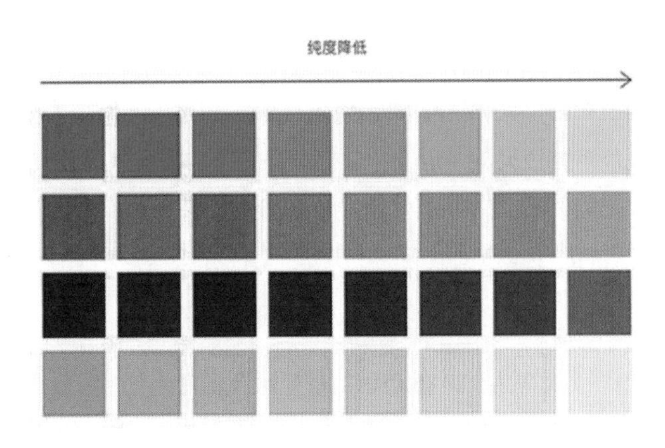

图 4-17

（4）配色方法

① 同类色相配色

同类色相配色是指在 24 色相环上间隔 15°范围以内的色相搭配，这些色相搭配逐渐趋向于单色，呈现出极弱的微差变化，在快题中就是所谓的“单色”。同类色相的配色可以保持画面的单纯性与统一感。如画面中以红色为主，为避免画面显得单调，可在色彩的明度与纯度上做变化，使得画面在整体统一的格局下具有节奏感与层次感。蓝色同理（图 4-18）。

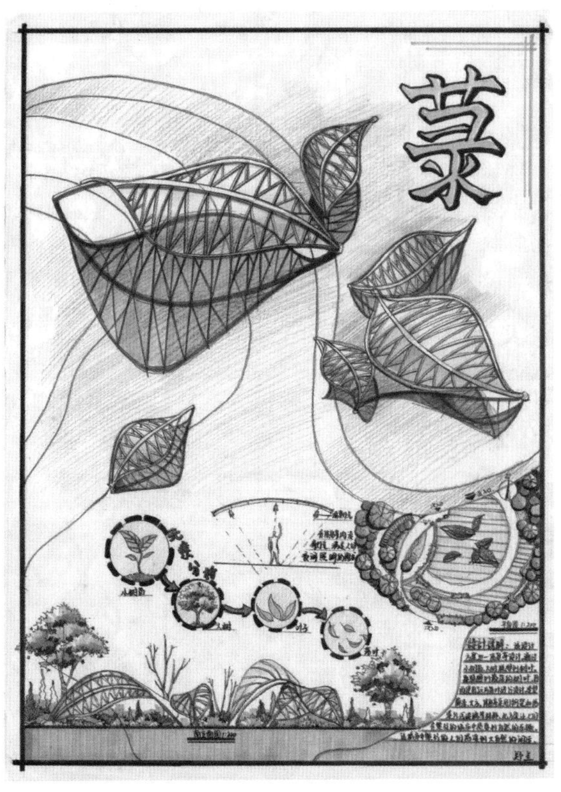

图 4-18

② 类似色相配色

类似色相配色是指在 24 色相环上间隔为 30°的色相搭配。在类似色相配色中，由于色相区别不大，色相间的对比较弱，所以产生的效果常常趋于平面化，但正是这种微妙的色相变化，使画面产生比较清新、雅致的视觉效果。如图 4-19，类似色相的配色方式令画面在整体统一的同时具有变化：因色相的差距较小，视觉效果较为平缓，但又具有微妙的层次感。

③ 邻近色相配色

邻近色相搭配是指用近似色相进行色彩搭配的方式。在 24 色相环中，间隔为 60°的色相都属于邻近关系。邻近色相的搭配既能保持色调的亲近性，又能凸显色彩的差异性，使得效果比较丰富。如图 4-20，用绿色作为背景色，选用色相差别较小的黄棕色来突出主体建筑，令画面既能保持和谐统一，又能充满活力和表现力，从而产生丰富的效果。

④ 对比色相配色

对比色相配色是指 24 色相环上间隔为 120°的色相的搭配组合。对比色相配色是采用色彩冲突性比较强的色相进行搭配，从而使得视觉效果更加鲜明、强烈、饱满，给人兴奋的感觉。如图 4-21，利用橙黄色与蓝色的对比使得画面色彩更加丰富，跳跃的对比效果突出了画面中的造型，蓝色的大屋顶在橙黄色背景的烘托下更为醒目。对比色相的配色方式令主题在表现上更加强烈，红蓝同理。

图 4-19

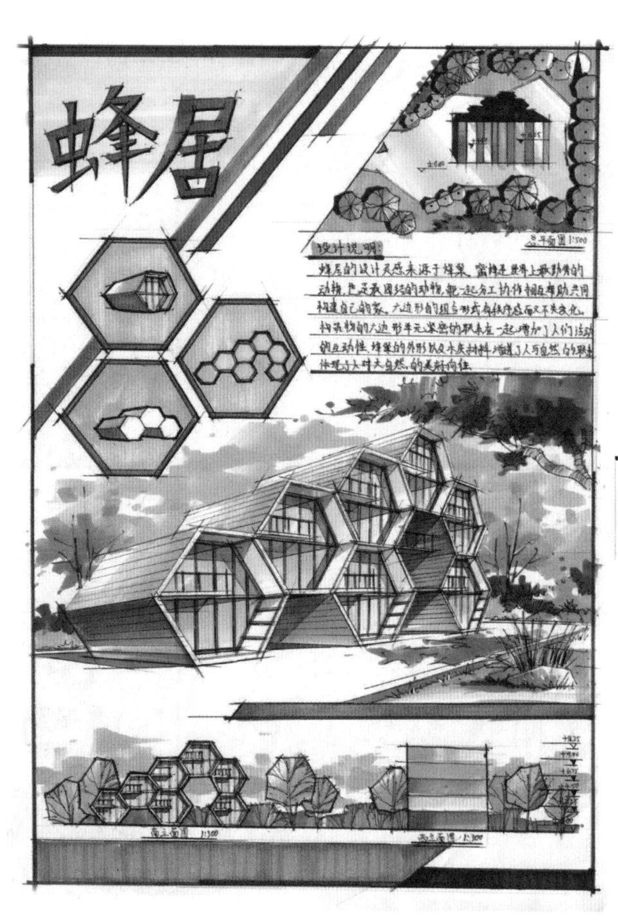

图 4-20

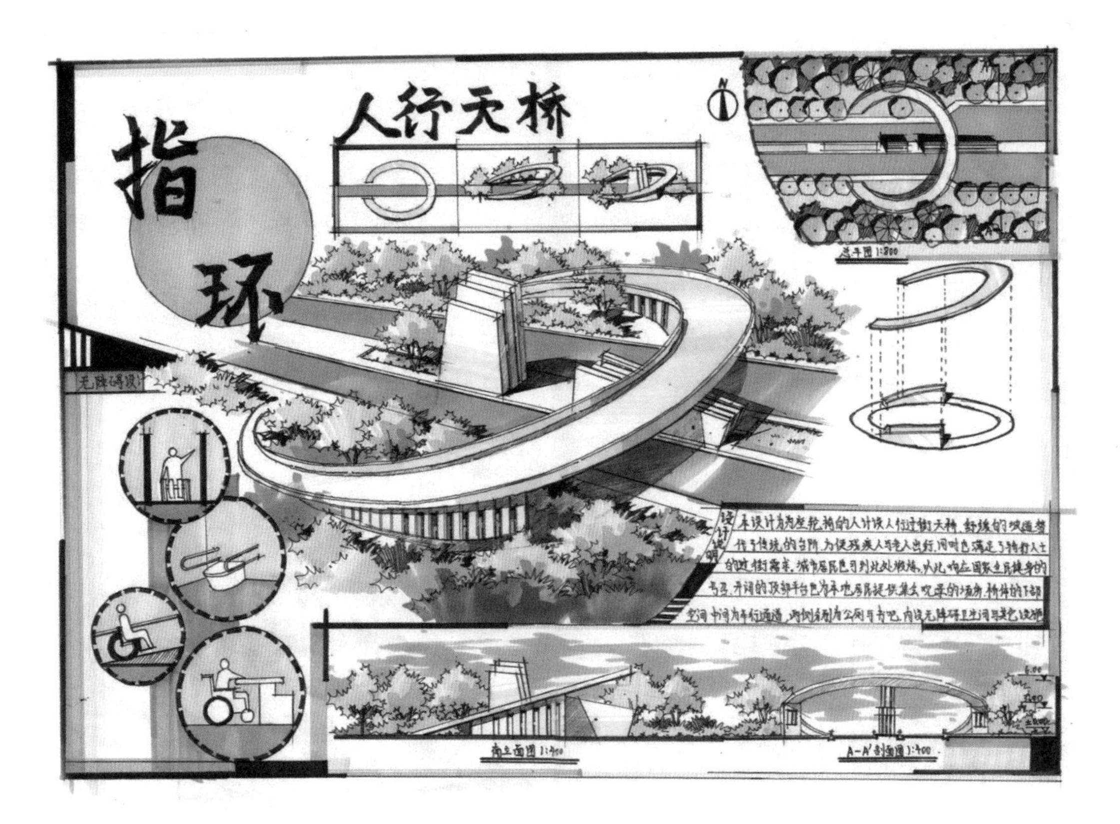

图 4-21

⑤ **互补色相配色**

互补色相配色是指在 24 色相环上直径两端互成 180°的色相间的搭配。互补色相搭配产生的色彩对比是最为强烈的，具有感官刺激性，是产生视觉平衡的最好的组合方式。如图 4-22，多个互补色相配色的形式令画面呈现丰富、饱满的视觉效果，从而更具震撼力。

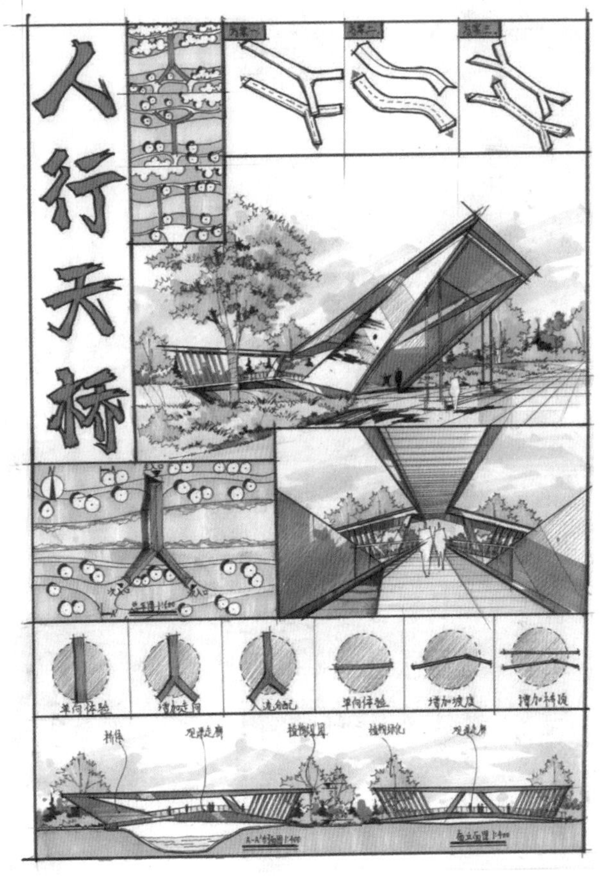

图 4-22

4.3 标题字体设计

在环艺快题设计绘制过程中，为了更好地表达设计内容，图和文是不分开的。标题分为主标题和副标题，主标题应紧扣题干主题，副标题则体现设计内容。一个醒目且有内涵的标题会更吸引阅卷老师。

在快题设计中，除了通过图形向阅卷者传达信息外，适当的文字注释也至关重要。图形和文字是相辅相成的关系，图文结合能够更完整地传达设计者的设计构思。标题的表达要尽可能简洁，效果突出，起到装饰画面的作用（图 4-23 ～图 4-26）。但也不需要过度练习，还是应将精力多放在方案构思上。

图 4-23

图 4-24

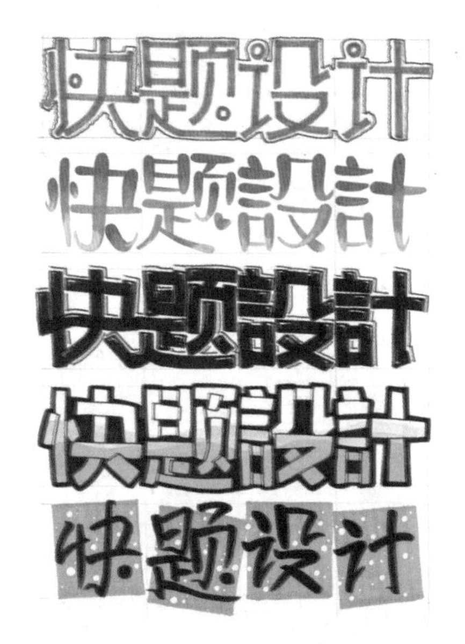

图 4-25

图 4-26

5

效果图表现技法

5.1 线条讲解

（1）握笔姿势

正确的握笔姿势：画横线时，笔杆和手臂保持同一方向，垂直于纸边水平运笔（图 5-1）；画竖线时，笔杆和手臂成 90°角，竖向运笔，短线用手指，竖线动手臂（图 5-2）。

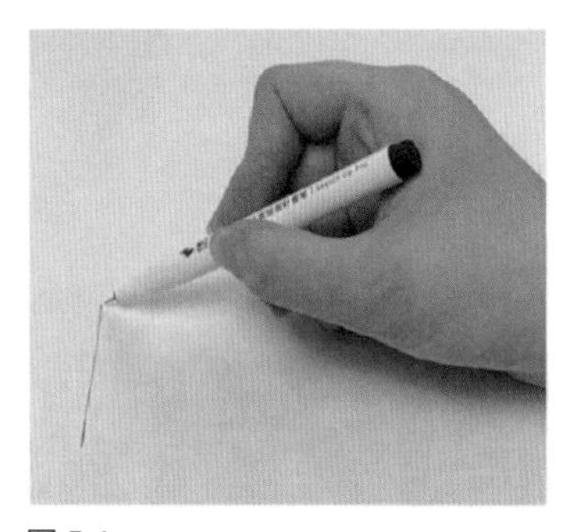

图 5-1

图 5-2

错误的握笔姿势如图 5-3、图 5-4 所示。注意手腕切勿用力，应依靠手臂画线。手指切勿绑定，这样会导致运笔空间缩小。

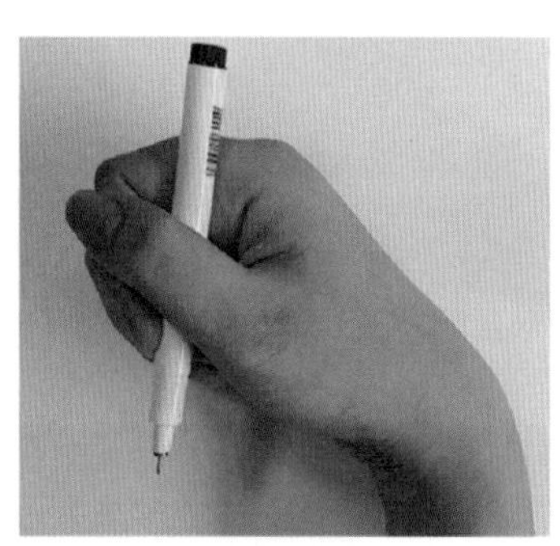

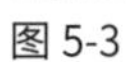

图 5-3

图 5-4

（2）线条表现

① 快线

快线是为了更好地表现画面张力，通过有深浅变化的线条塑造更有力度的形体和画面。线条首尾重、中间轻，有深浅变化（图 5-5）。

图 5-5

② 慢线

慢线是为了快速表现基础草图，在弱化细节的同时强调空间，表现出画面的流畅和柔和感，适合在设计前期方案沟通阶段使用（图 5-6 ～图 5-8）。

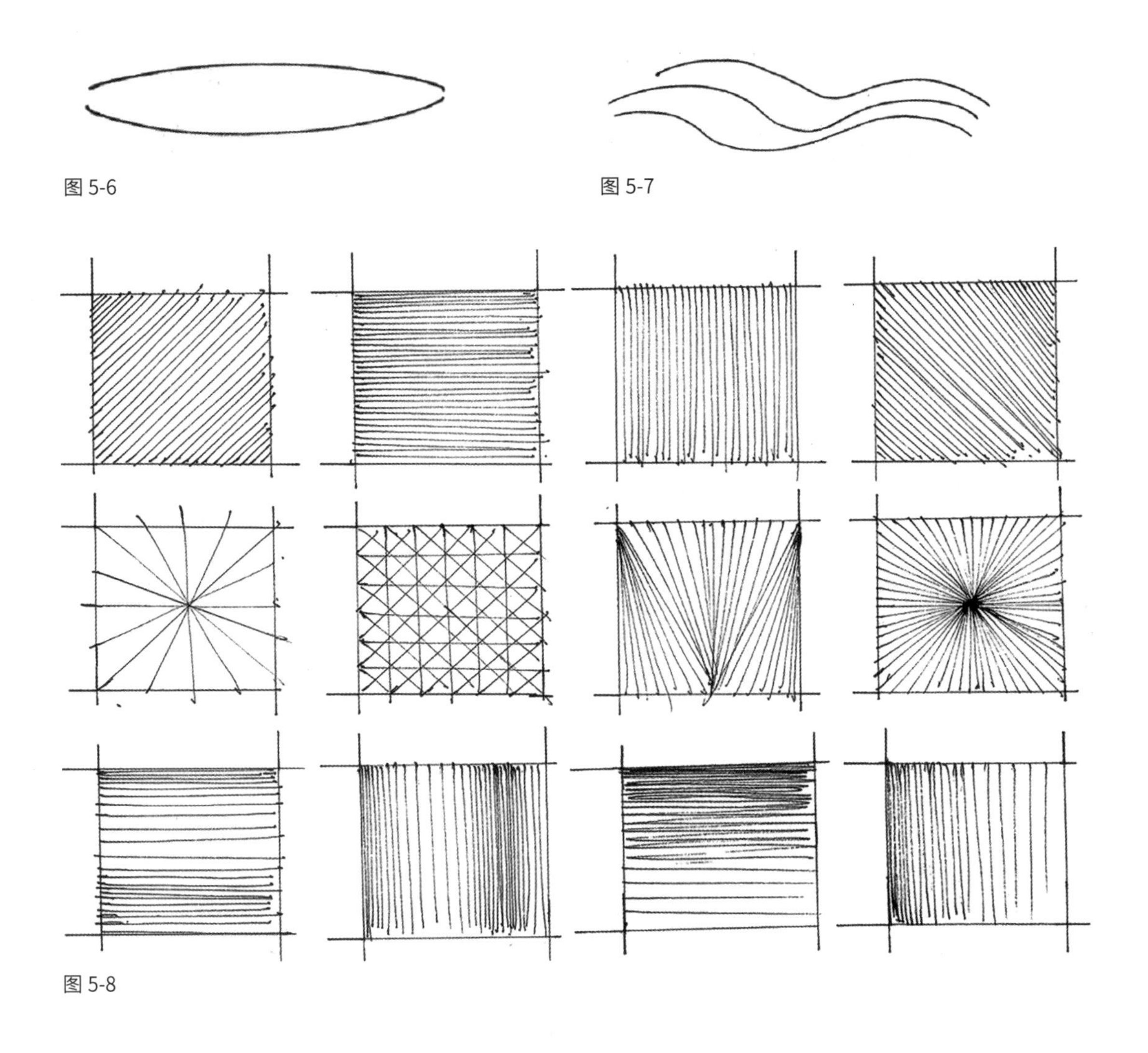

图 5-6

图 5-7

图 5-8

（3）练习方法

线条的长度、方向，线条之间的距离都可以通过身体的控制，表达出相对准确的空间和画面。大家在练习的时候可以采取不同长度、不同方向、不同疏密的线条做针对性练习。

5.2 透视讲解

（1）透视的基本原理和规律

透视是通过一层透明的平面去研究后面的物体的视觉科学。将看到的或设想的物体、人物等，依照透视规律在某种媒介物上表现出来所得到的图叫透视图。在一张完整的透视图的绘制过程中，需要先确定画面的视点和灭点，从某种程度上来说，两者会重合为一个点；然后确定视平线，画出离视点最近的物体或者画面主体物之后，确定透视关系，即可延展出画面的其他内容，继而完成完整的画面。如图 5-9 所示。

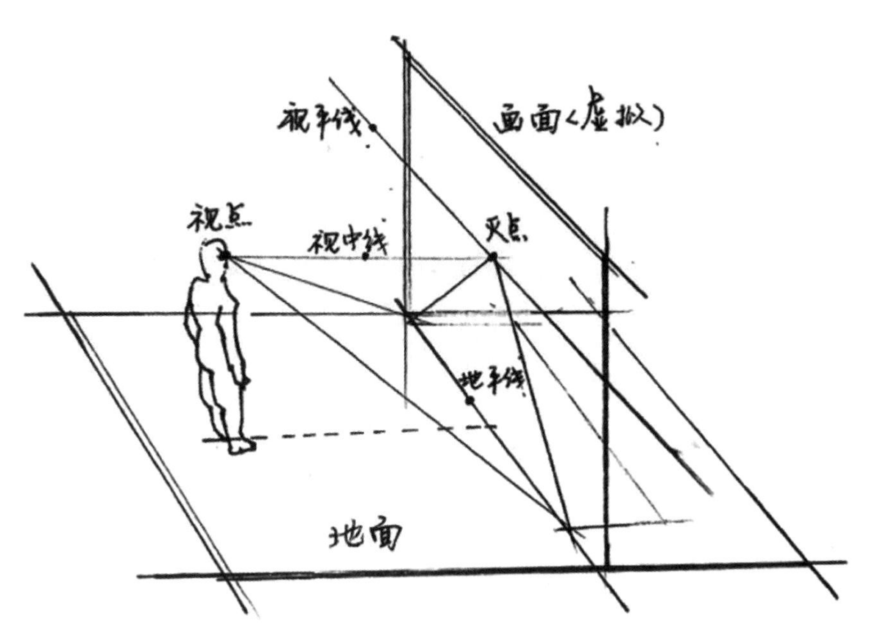

视点：眼睛所在的地方

视平线：与眼睛等高的一条水平线

灭点：透视线相交的点

透视规律：近大远小，近实远虚

图 5-9

（2）透视分类

一点透视就是将立方体放在一个水平面上，且立方体底面四边分别与画纸四边平行，当立方体上部朝向纵深的平行直线与眼睛的高度一致时，平行直线将消失，成为一个点，立方体的正面表现为正方形。一点透视的特点是所有水平方向的线条都平行于视平线，所有的竖向线条都垂直于视平线，所有的透视线相交于一点（图 5-10）。

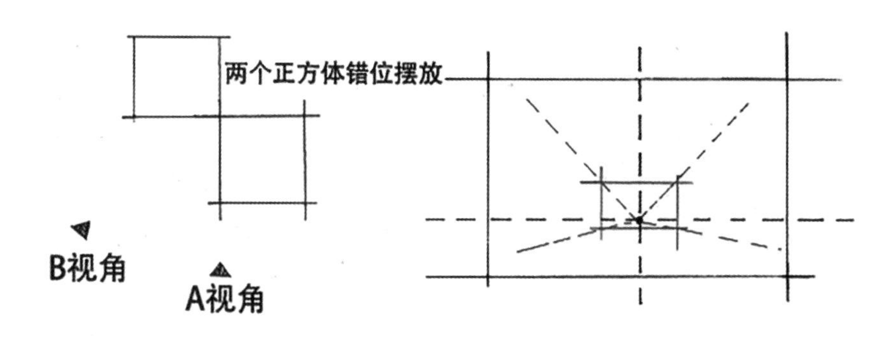

图 5-10

两点透视的产生是以介于物体正面和侧面之间的角度去看场景的。正面和侧面的上下边界的延长线会在物体两侧相交于两个消失点，两个消失点的连线就是我们所说的视平线（图 5-11）。

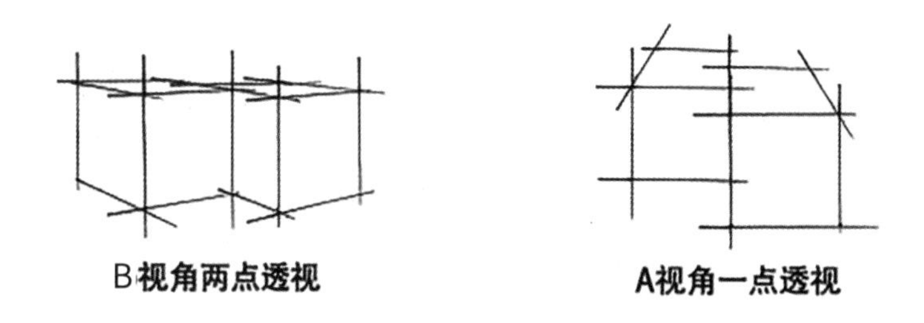

图 5-11

三点透视是在两点透视的基础上增加的一个垂直方向上的高度去看物体。如果仰视，物体竖向边界的延长线会在上边形成第三个消失点；如果俯视，物体竖向边界的延长线会在下边形成第三个消失点（图 5-12）。

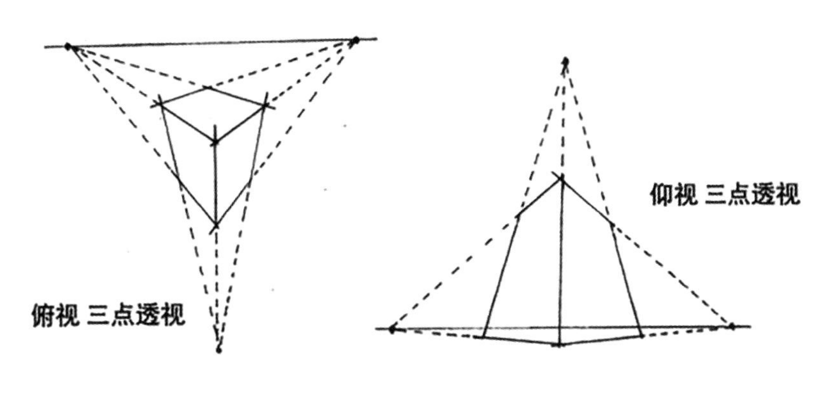

图 5-12

（3）透视练习

在画之前首先要认真观察画面，包括主体物的形态、大小比例、空间位置、透视关系等。如图 5-13 所示的练习，首先确定画面的消失点位于纸面的中间，然后从中间向外侧推着画，先准确表现出中间四个正方体，再画外侧的体块。注意主体体块大小的统一，以及透视线的准确性（图 5-14）。

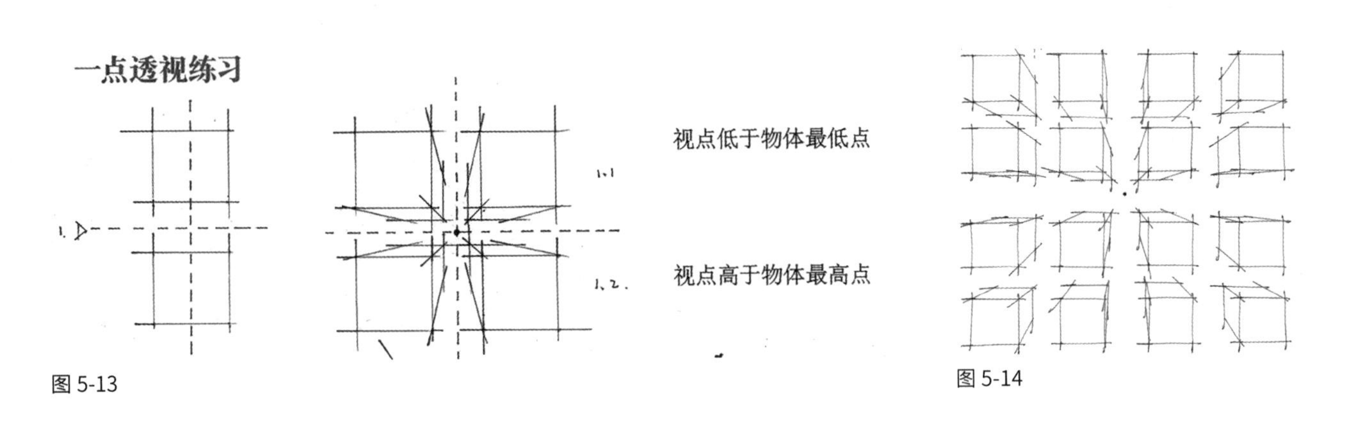

图 5-13

图 5-14

在图 5-15 的练习中，首先确定视平线的位置在整张纸的中间，然后定出消失点的位置。之后，画出中间四个正方体，由于它们离消失点较远，因此对于透视线的准确性有比较高的要求。周边的正方体参照中间的四个正方体绘制。

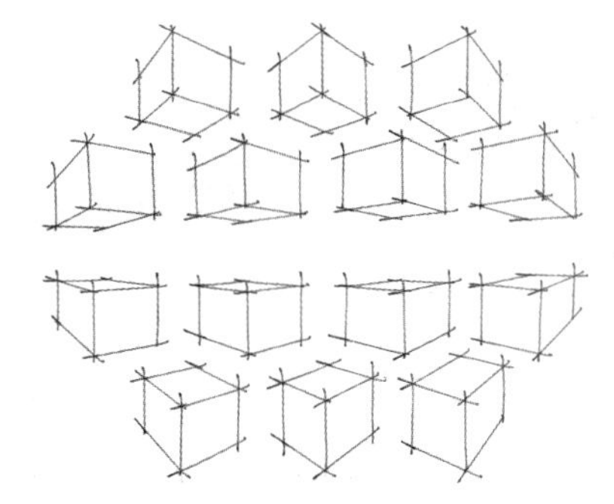

图 5-15

图 5-16 为一点透视，主体物即中心的四角亭，画面呈现的是半封闭的休息空间。图中四周高、中间低的形式很好地体现了轮廓线变化。植物分层明确，近大远小，道路的边界延长线相交于画面中间的消失点（图 5-17）。

图 5-16

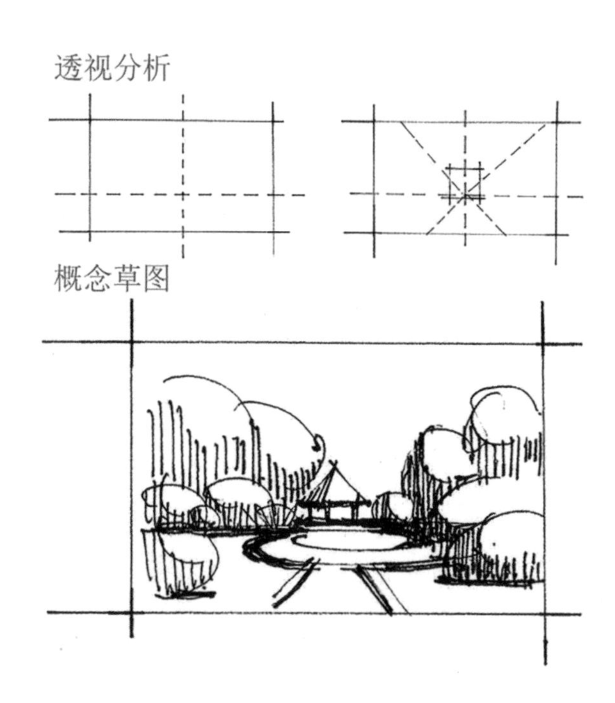

图 5-17

图 5-18 为两点透视，从房子结构线的方向可以看出，周边的环境高低错落，与主体的形态形成对比。一般情况下，主体物会出现在画面中间靠左或者靠右的黄金分割点附近的位置，这样更能吸引人的视线（图 5-19）。

图 5-18

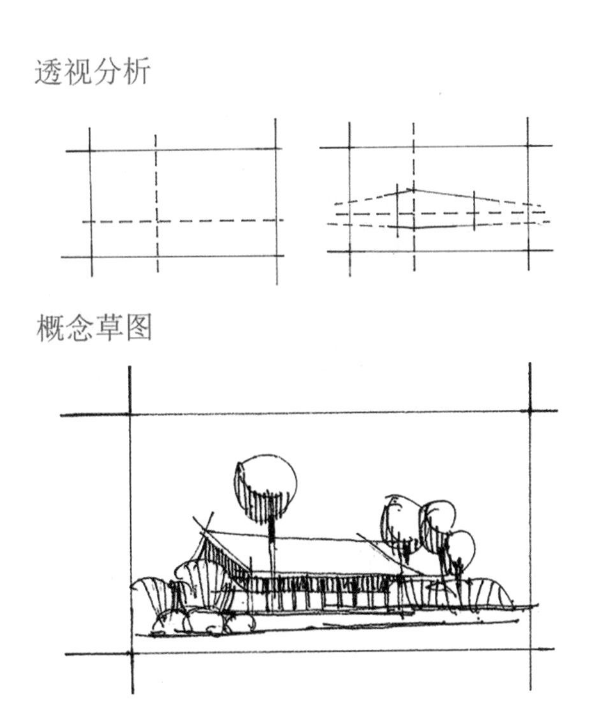

图 5-19

图 5-20 ～图 5-22 的练习是将平面的图形按照透视原则转化成一点透视、两点透视、三点透视的效果图。绘图过程中注意明暗关系的表达。

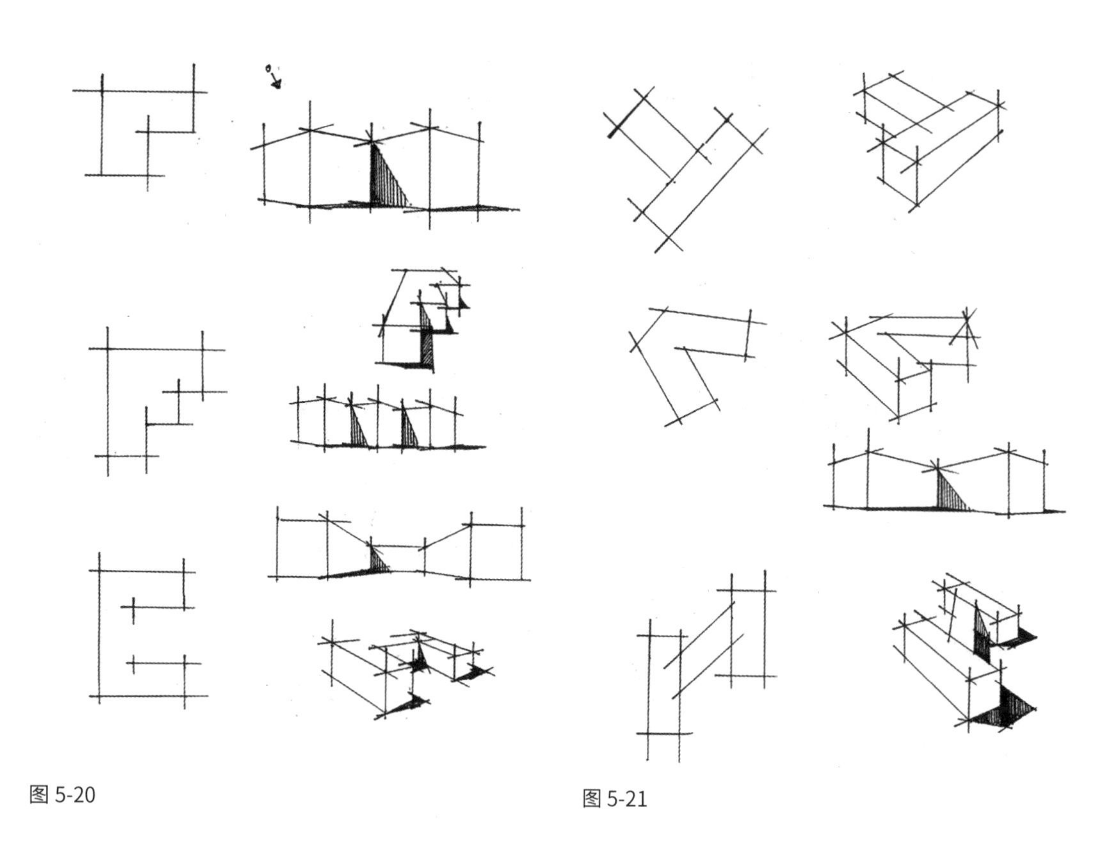

图 5-20

图 5-21

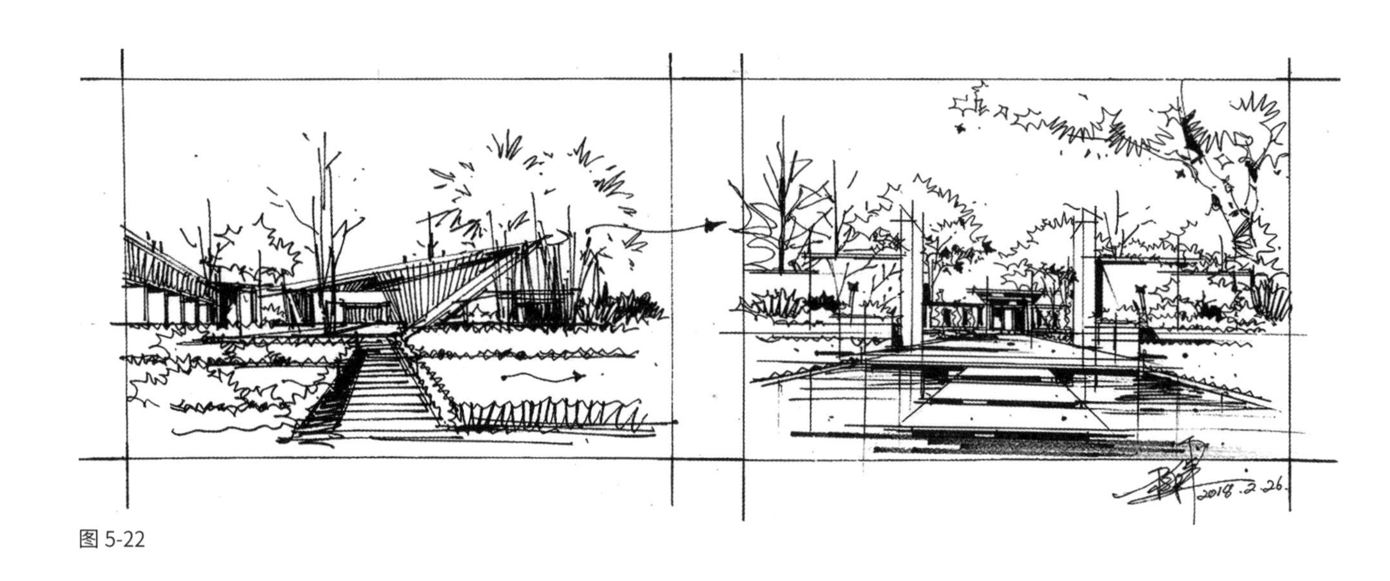

图 5-22

5.3 材质表现、效果图线稿、上色讲解

（1）材质表现练习

材质表现在效果图绘制中尤为重要，其在丰富画面方面能起到非常突出的作用。在环艺室外快题中，常用的材质包括木板、玻璃、花岗岩地砖、混凝土、石材、木材、文化石、钢材、垂直绿化等。线稿要充分反映材质纹理，上色方面注重马克笔的深浅变化与笔触，并结合彩铅达到理想的表达效果（图5-23）。

图 5-23

（2）效果图线稿训练

在主体物的选择上，由于考题大多是主题性的，且要结合景观平面进行表现，因此我们选择的主体物多为小体量园林建筑，可以是观景台、廊架、公交站、地铁入口、咖啡厅、水吧、书吧等。在画面氛围的塑造中应尽可能做到前景、中景、远景层次分明，因此要多注重配景元素的储备与练习。在线稿绘制中尽量用较粗的笔，突出线稿的黑白关系，这样在上色时会更加轻松。

（3）效果图上色训练

效果图上色并不是颜色越多越好，反而应该尽可能地精简颜色，因为考试时间不允许做过多的色彩表达，所以在上色过程中更应该注重色彩搭配。配色原则可参考前文关于色彩搭配的内容。在形体塑造上应该注意物体明暗面以及光影的表达（图 5-24 ～图 5-46）。

图 5-24

图 5-25

图 5-26

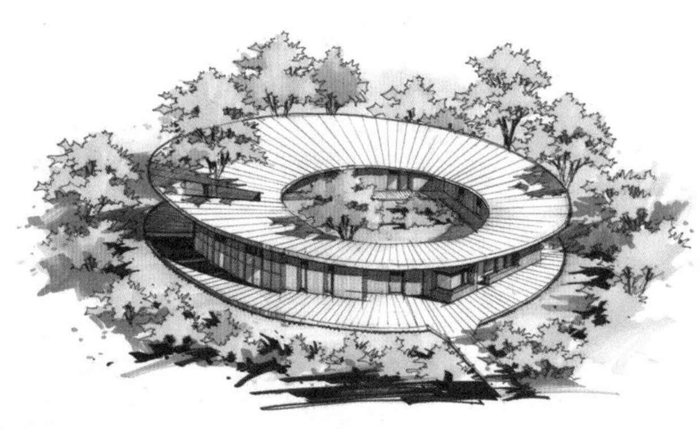

图 5-27

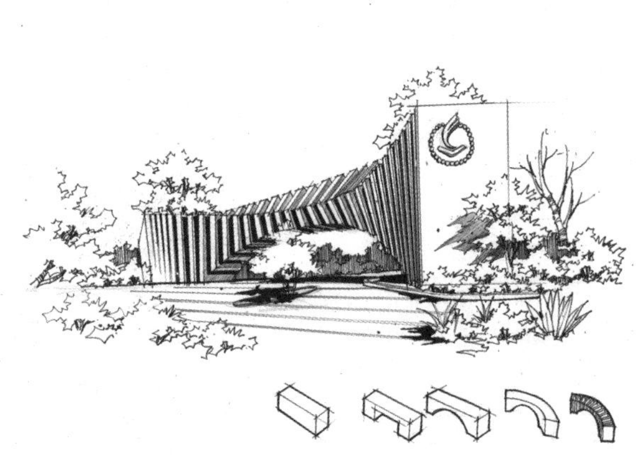

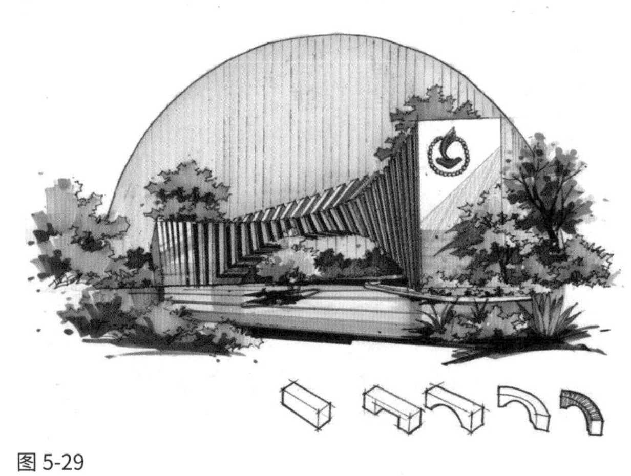

图 5-28

图 5-29

图 5-30

图 5-31

图 5-32

图 5-33

图 5-34

图 5-35

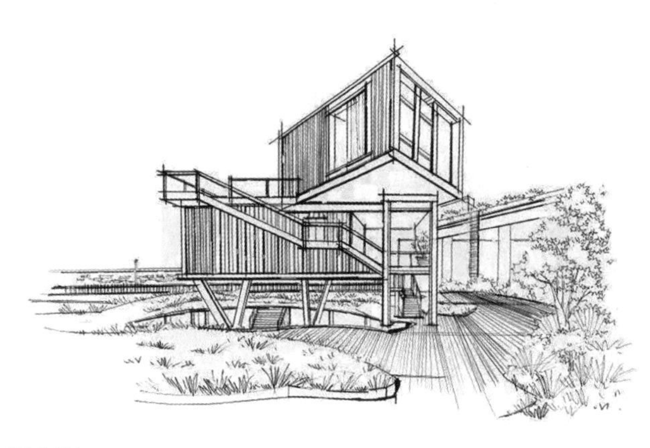

图 5-36

图 5-37

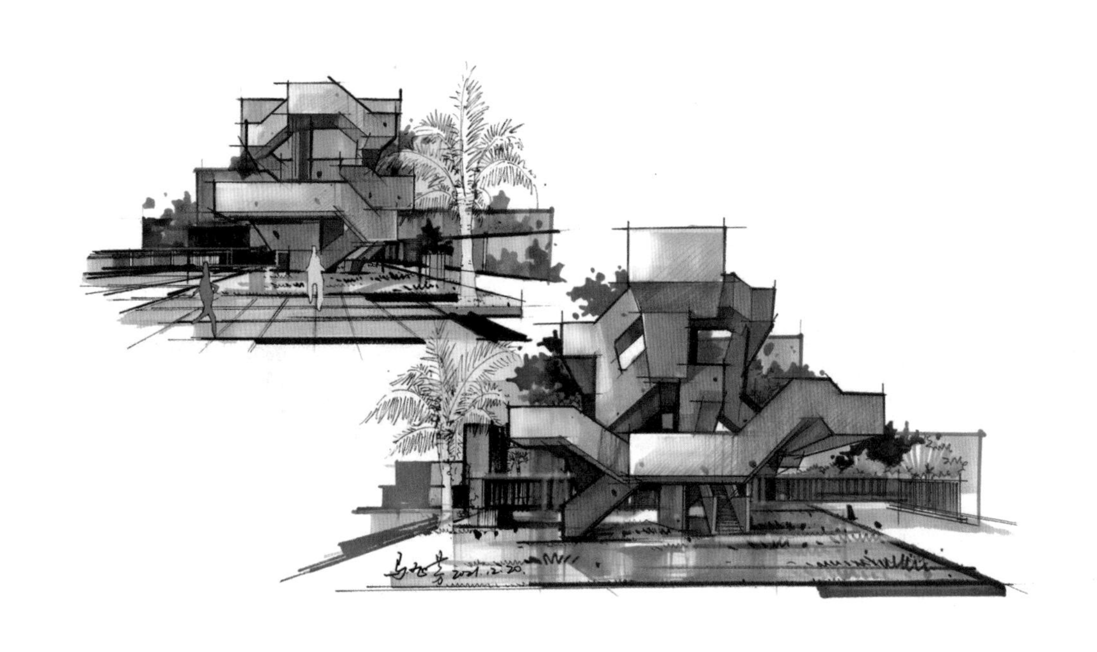

图 5-38

图 5-39

图 5-40

图 5-41

图 5-42

图 5-43

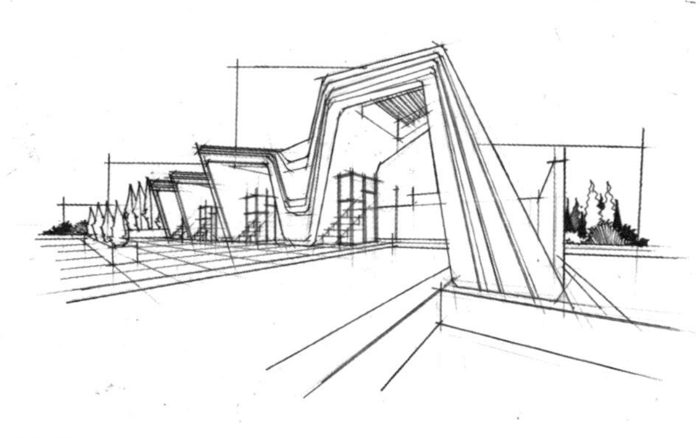

图 5-44

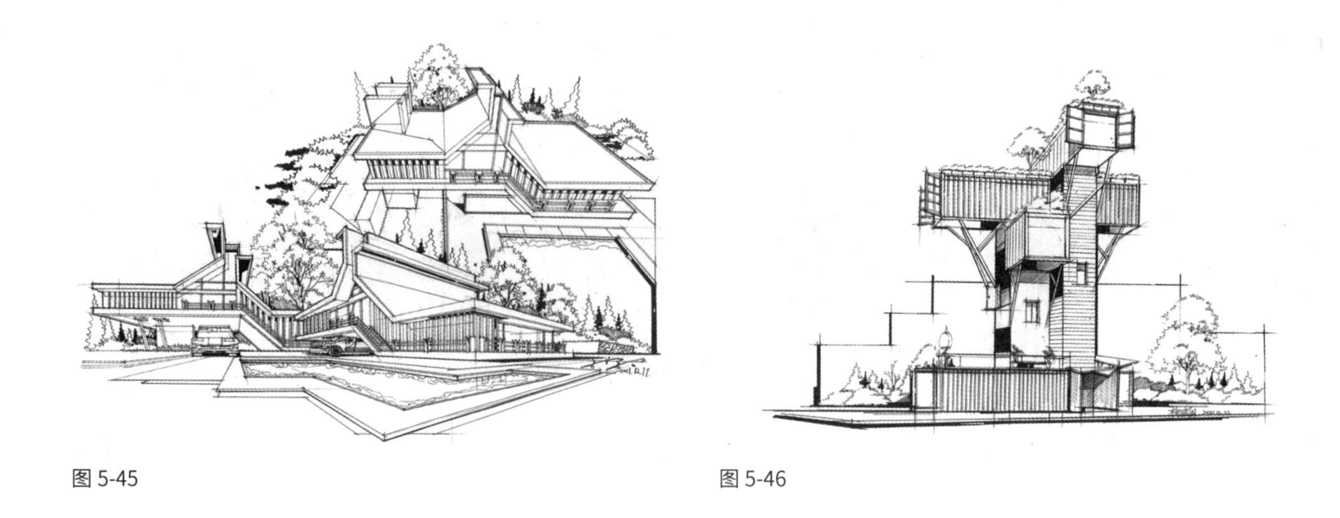

图 5-45　　图 5-46

5.4 快题绘制顺序

根据自己的设计完成排版，注意图纸的饱满度及阅图顺序。图纸的大小变化应丰富，主次分明。铅笔稿完成后，依次上墨线，注意线条的粗细变化，尽可能使黑白对比强烈一些，为马克笔上色减轻压力，也可以节省时间（图 5-47）。

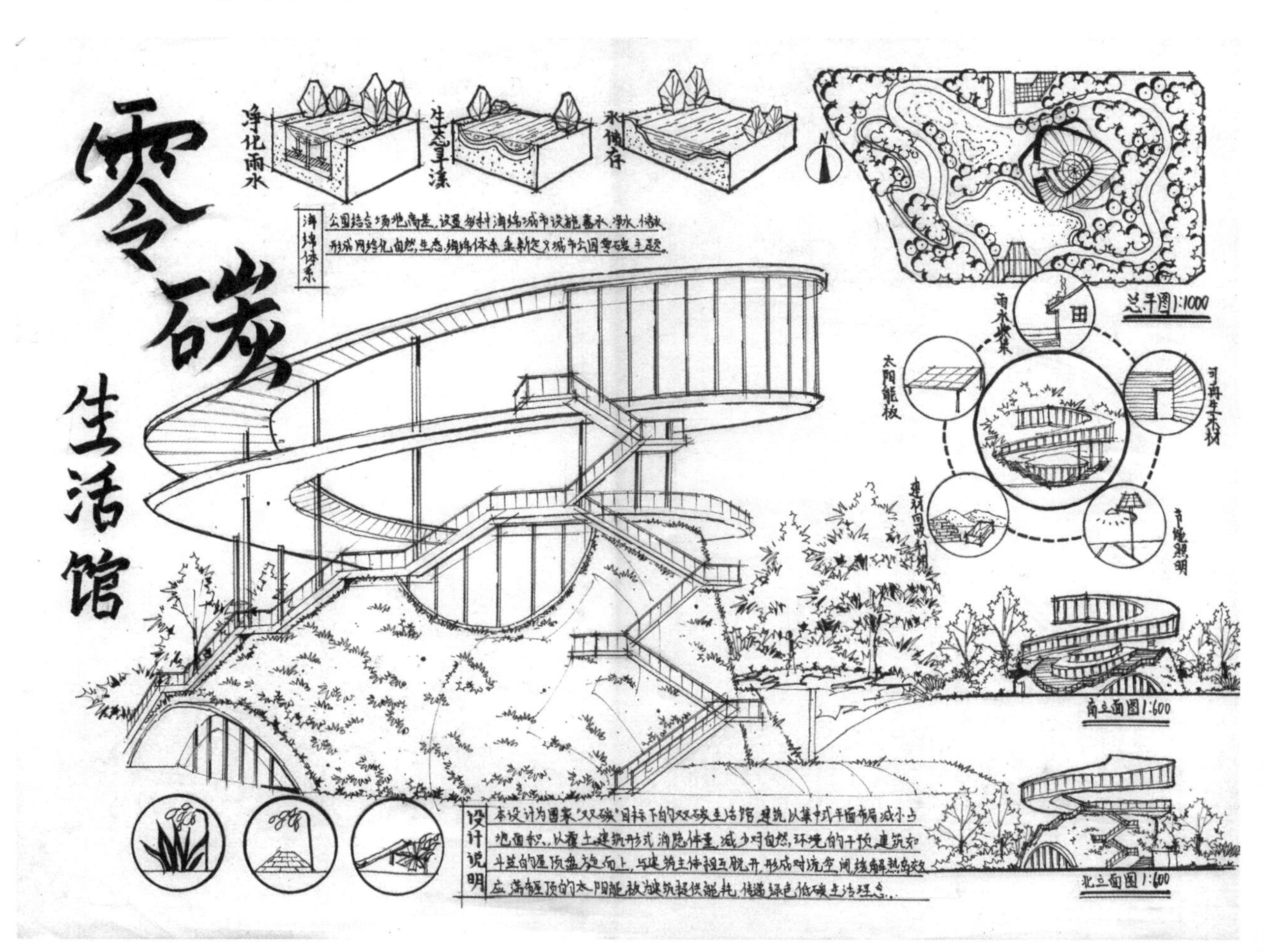

图 5-47

上色时由于整张图纸要保持色调统一，因此快题里的所有图纸应该用同一套配色（图 5-48）。先用一支马克笔将整张快题中用到这个颜色的地方一次性画完，然后再换另一种颜色，避免反复换笔浪费考试时间。

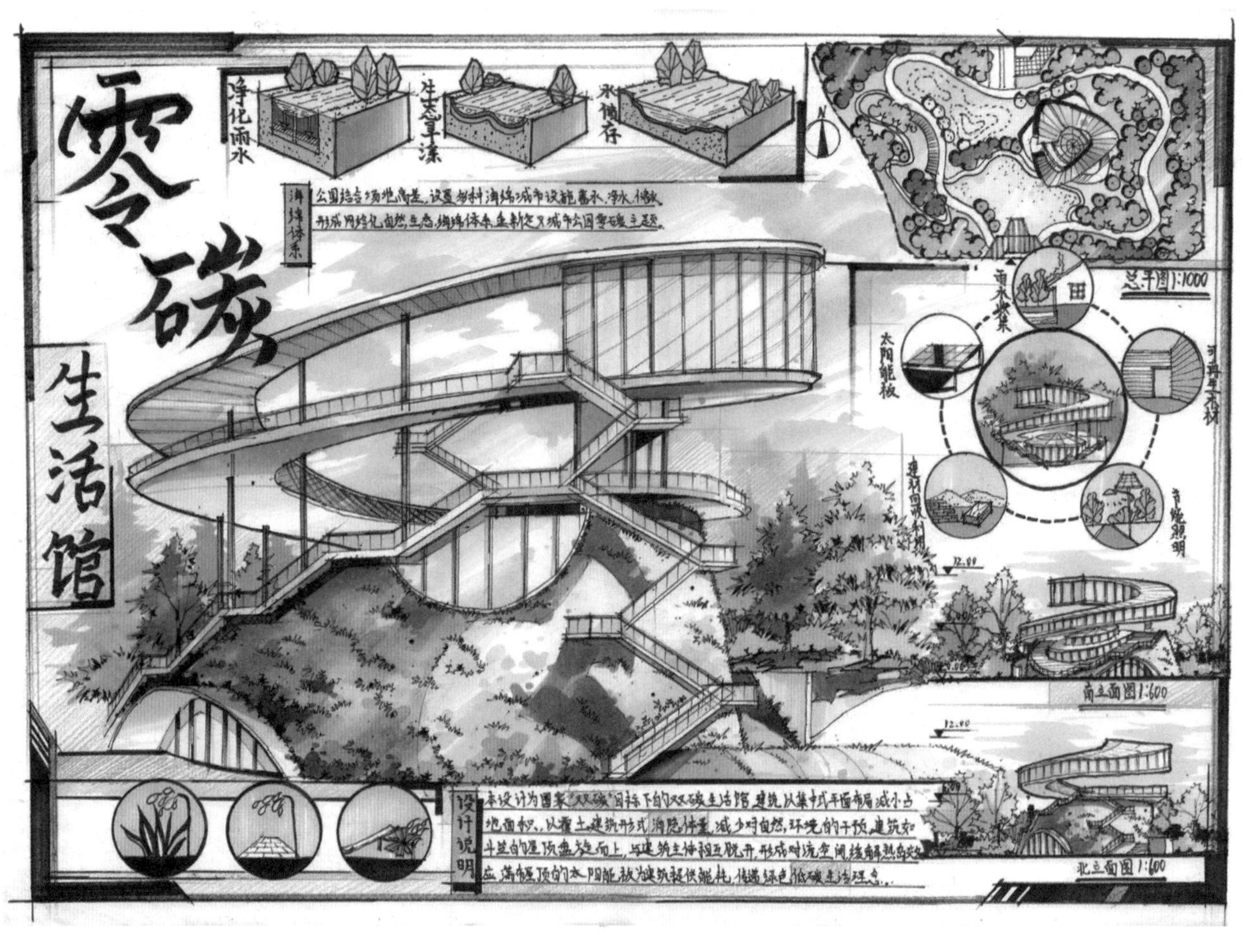

图 5-48

6 真题解析

6.1 2020 年中南大学环艺考研真题
——“坐轮椅的人”

题目中明确描述了使用人群，即行动不便的老年人或残疾人，这是典型的人文关怀类题目，在设计中须考虑无障碍设施的设计，这也是考查的重点，意在考查学生的知识储备。

图 6-1 中的人行天桥设计抛弃了传统的台阶式上下交通，采取了平缓的环形坡道设计。环形的坡道形状来源于钟表表盘，象征着时间飞逝，人生短暂，意在唤起人们珍惜时间的意识。环形的坡道在实现最基本的交通功能的同时，也可以供人们跑步或骑行，宽阔的桥面平台还能起到观景平台的作用。在色调表达上采用的是蓝色和橙色的色彩搭配，有较高的色彩对比与统一性。

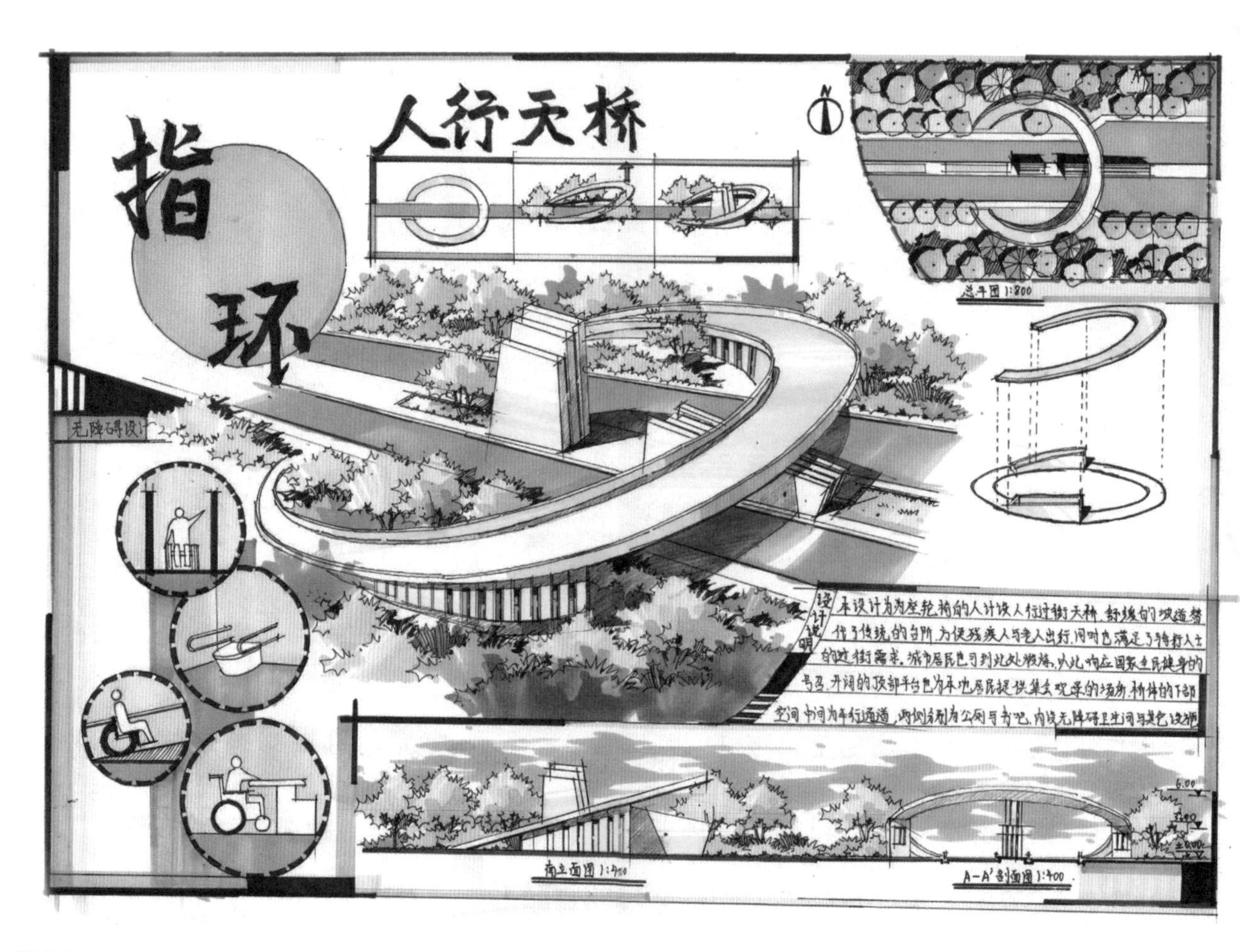

图 6-1

6.2 2022 年湖南科技大学环艺考研真题
——“艺术、科技、美术”

图 6-2 所示的方案为零碳生活馆设计，主要为市民提供休闲与展览功能。在“科技”的主题上，采用了雨水收集、光储能、废旧材料回收利用、节能照明等高科技设施，充分点题与扣题。整体排版饱满且内容丰富，色彩搭配柔和、统一。

图 6-2

6.3 2021 年广州美术学院环艺考研真题——“隔离”

广州美术学院历年的考题都是以主题性题目为主的，初试分为 6 小时快题与 3 小时快题。图纸表达以分析图为主，阅卷老师看重的是完整的设计流程。图 6-3、图 6-4 中的方案为模块隔离站的设计，

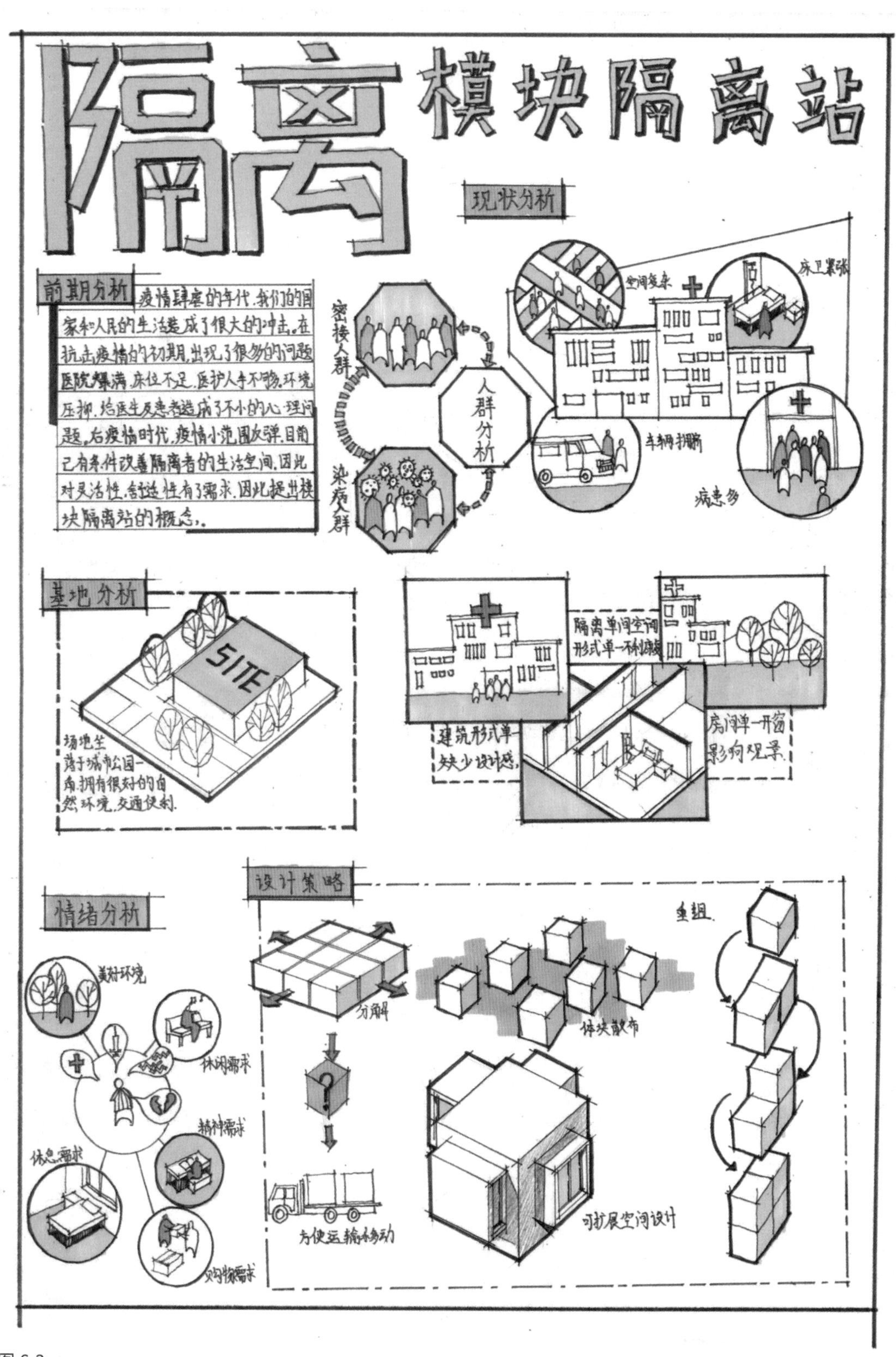

图 6-3

先通过对当下医院所面临的问题以及人群的诉求进行分析，提出了解决问题的方案；利用一系列造型处理手法解决问题；最后是成果展示。这是一套相对完整的设计流程，表达方式采用了彩铅素描与绿色马克笔上色的方式，整体配色和谐统一。

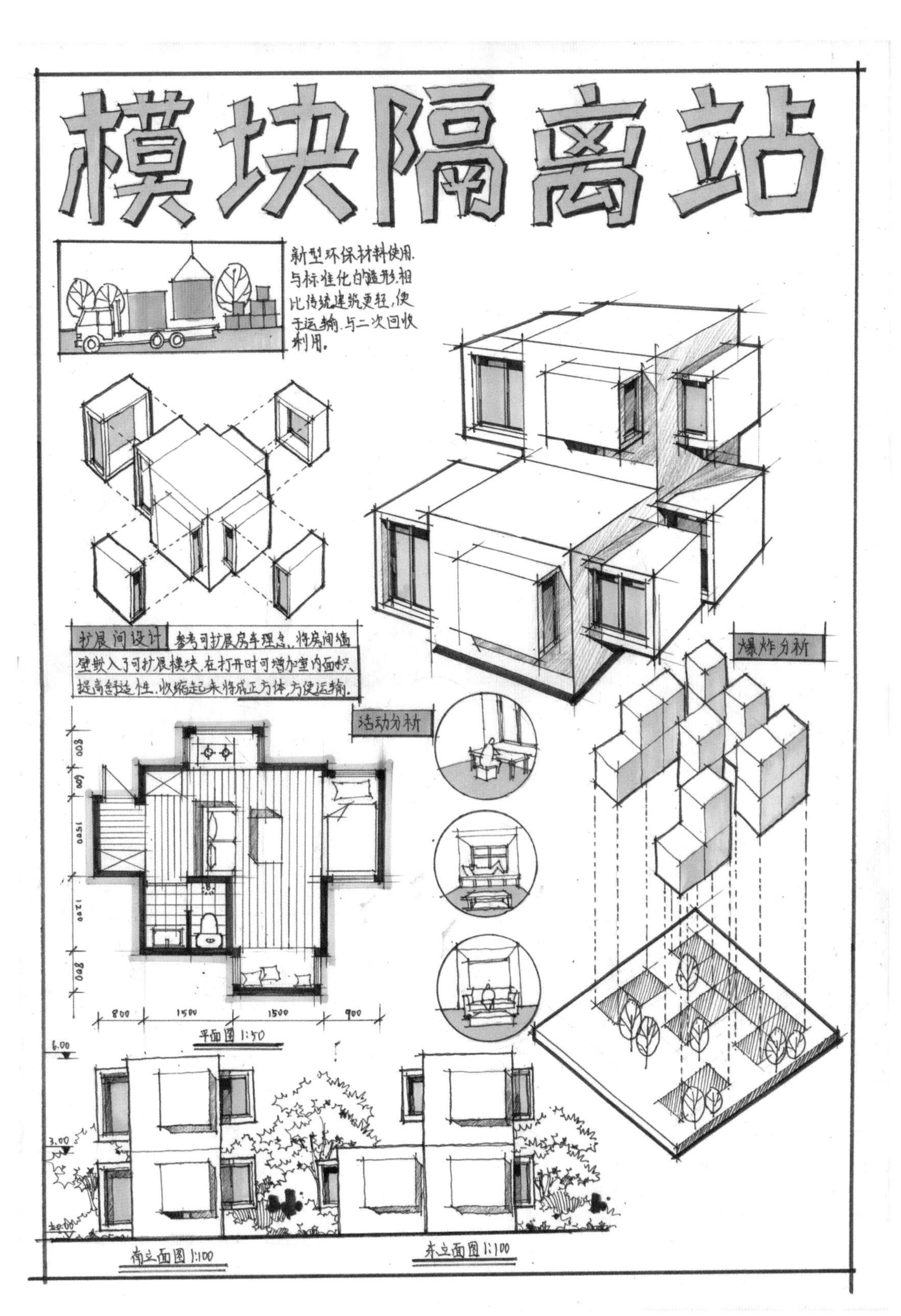

图 6-4

7

优秀环艺快题参考

失重 社区活动休闲馆

前期分析

当代生活节奏飞快，各种各样的压力随之而来。在应对完日常的工作生活压力之后，人们越来越习惯于在网上获取慰藉。而网络信息繁杂，各种短视频社交平台充斥着，虚荣炫富等信息。让很多人内心变得虚浮。处于失重的状态。迫切需要一个休闲空间，让人逃避世间纷扰，获得一份闲适。放松下来思考人生真正的意义。因此提出泡泡社区休闲馆的设计构想。

人群分析

老人

儿童

上班族

网络 工作 社会 生活

基地分析

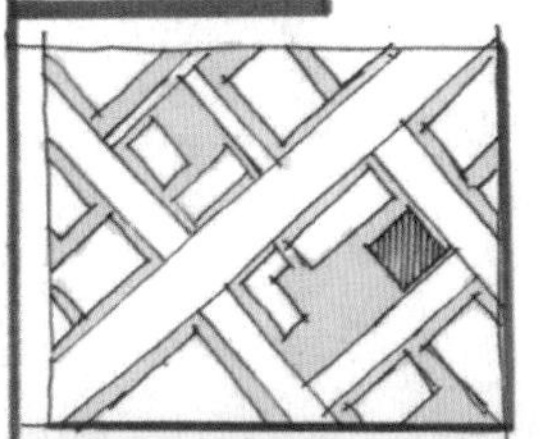

场地位于某二线城市，老城区街角，周边有老旧小区，商场，学校等场所。交通相对便利。来此交通工具可选择自驾，单车、公交车、地铁等交通工具。本场地使用的人群有中小学生，上班族，留守老人。

情绪分析

人处在这个社会当中必然会面对很多的压力。购房的压力，买车的压力，社交关系中的压力。如何能在种种压力当中让人的身心的到休息，压抑的情绪能够得到释放是我们需要解决的问题。

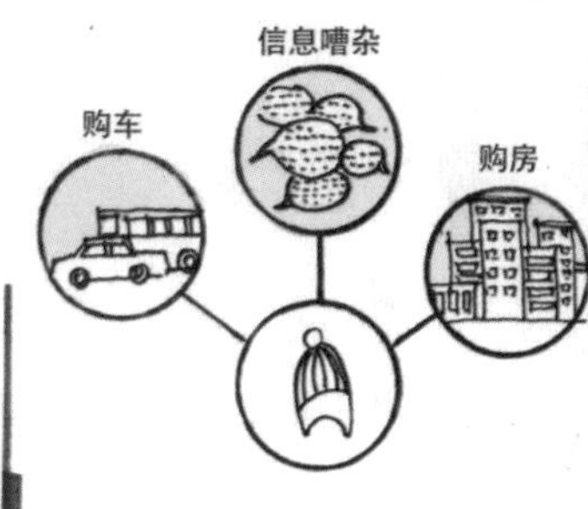

失重状态分析

悬浮　漂浮　悬浮

像鱼儿一样徜徉于大海，像鸟儿一样翱翔于天空是每个人童年的梦想。往往如泡沫般浮现于人们的脑海。如果有个不会破碎的气泡能够帮我们实现这个梦想该有多好。因此从水中的气泡获得创作灵感。

水为万物之源。建筑的本身以水和气泡为设计元素。

内部功能少而精，且高效，高效而更得民心。

方案构想

方案一　方案二

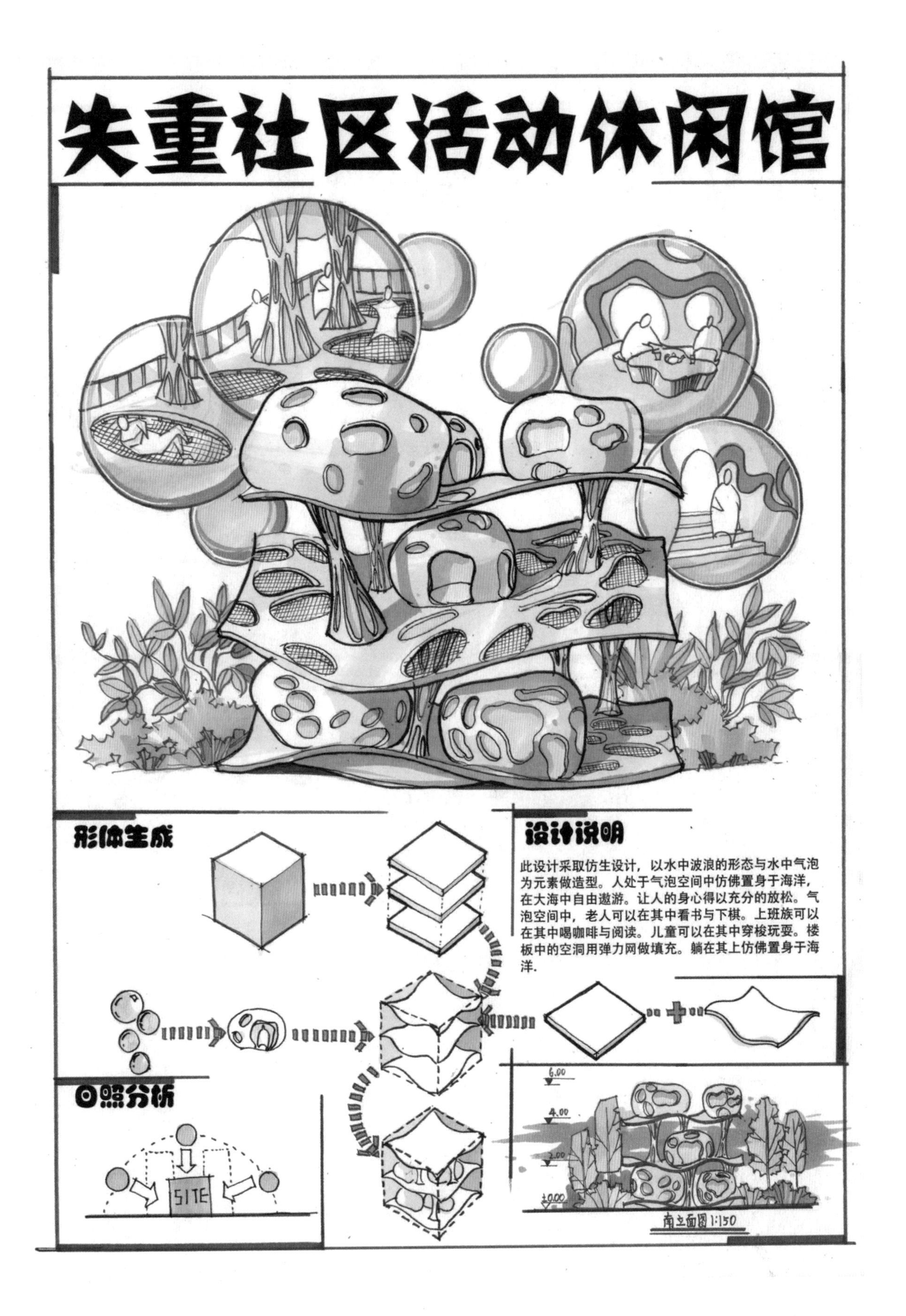

以上两张快题图纸为 3 小时两张的主题性快题，主题为“失重”，侧重分析图的表达。在各类分析图的表达上有较多可参考的地方，可作为日常分析图积累。

翻转空间 Brutalish House
小场景：
设计说明
主入口
基地分析
问题与策略
主干道
次干道
绿植区
广场区
中心区
景观
落地窗
休闲
书吧
娱乐
游泳池
光照分析
人群需求
复制
拉伸
扭曲
结合
设计演变
立面图 1:500
剖面图 1:500

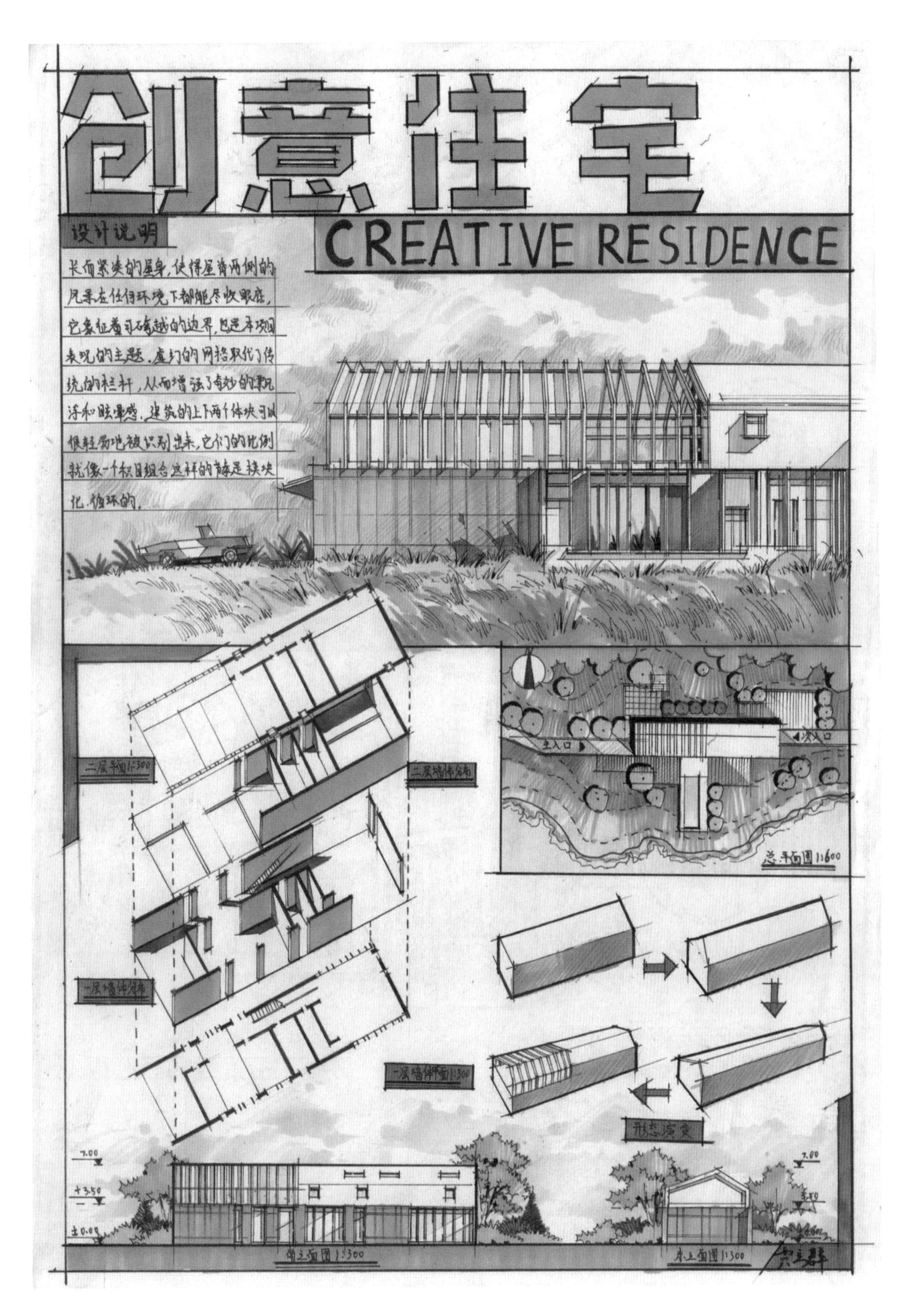

以上两张快题图纸为建筑类快题，主要内容为建筑外观设计，在建筑效果图和建筑立面图的表达方式上可以作为参考。

此套快题在表达方式上采取了傍晚灯光把建筑照亮的效果，周边环境用暖黄加冷灰的处理方式，对比强烈。

此套快题内容丰富，画面效果统一，排版和主体物造型都能很好地体现主题，是主题类快题非常好的参考。

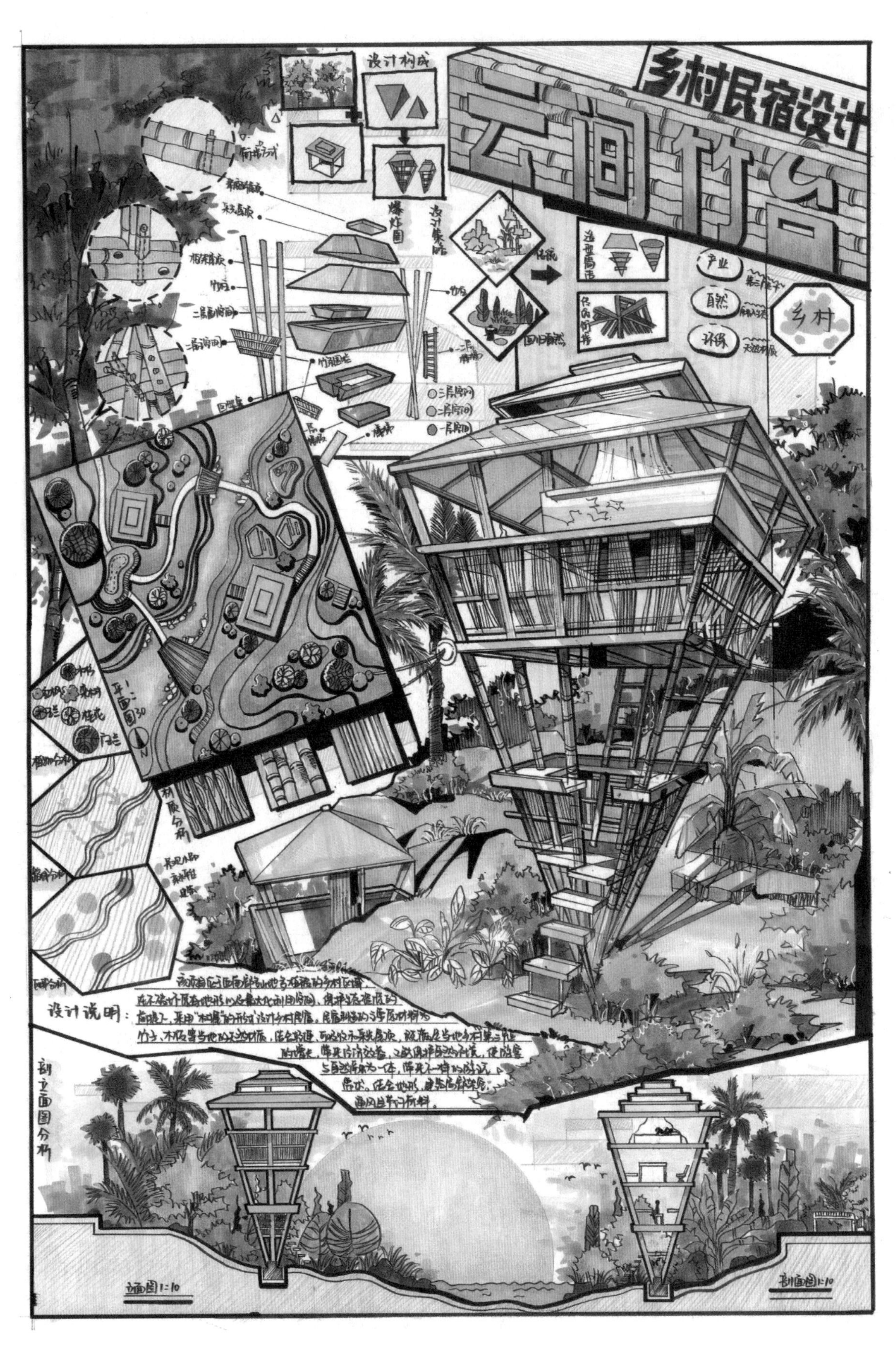

本套快题为乡村主题，用相对原始的材料制作观景台，植物用了暖灰色衬托主体物的冷色。

此套快题色彩鲜艳、对比强烈，采用红绿对比的表达方式冲击力强。图纸内容丰富，造型演变过程和空间场景图较多。

此套快题在塑造上并没有刻意追求立体感以及空间感的塑造，而是刻意营造一种平面的装饰感，比较适合视觉传达专业在学校内相对强势的院校。

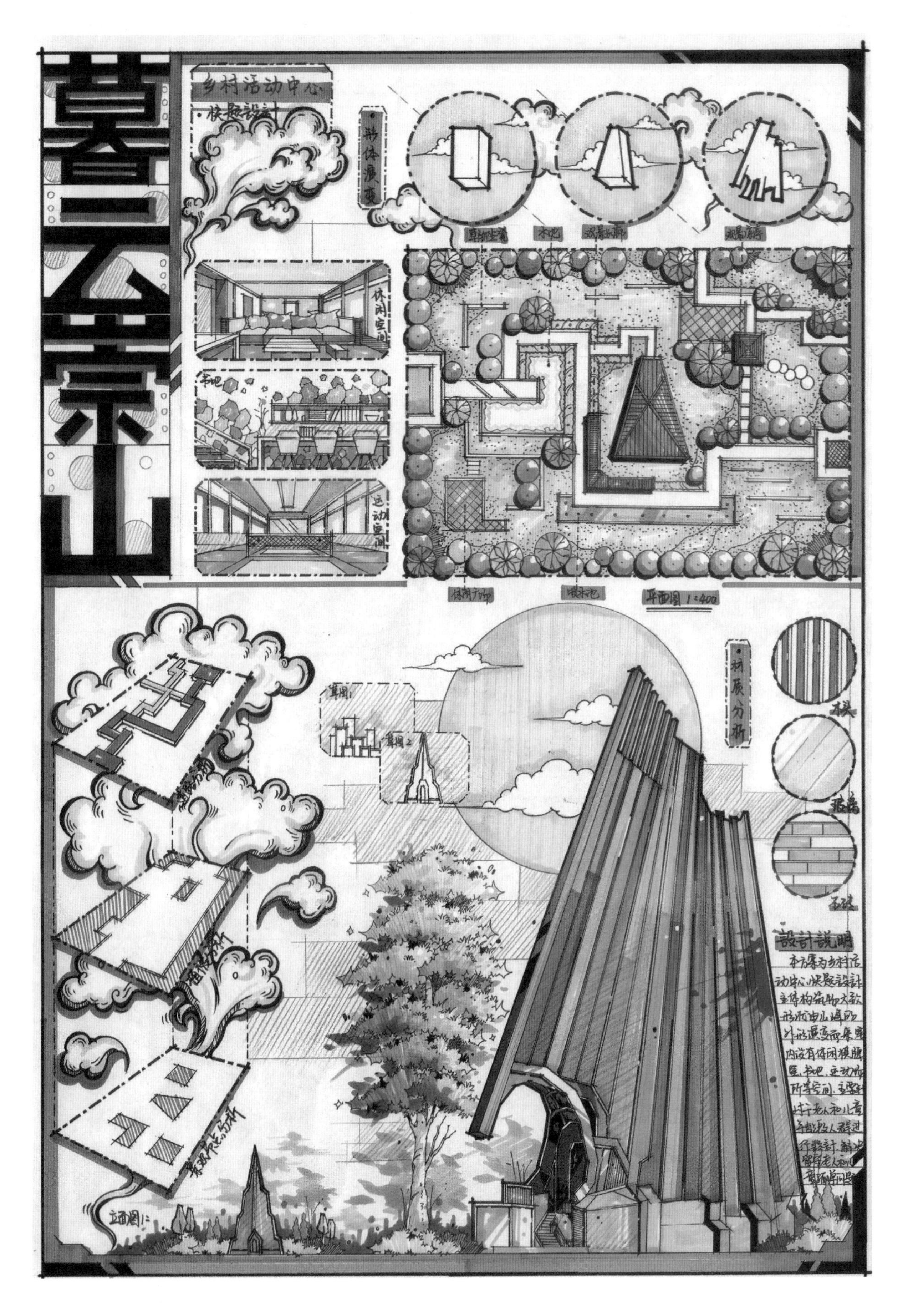

此套快题是考生为乡村振兴主题准备的一套方案，手绘功底非常扎实，表达准确，对比强烈。

此套快题主题为中国传统文化，画面在整体氛围营造上参考了中国山水画，画面装饰感强烈，给人眼前一亮的感觉。

这套快题的冷色调给人感觉十分清爽，主体物透视感强烈，排版上尽可能迎合主体物造型，借助主体物外轮廓产生的斜线或曲线排版，使画面和谐统一。

此套快题为生态主题快题训练，画面色彩和谐统一，但平面图有些不符合设计规范。

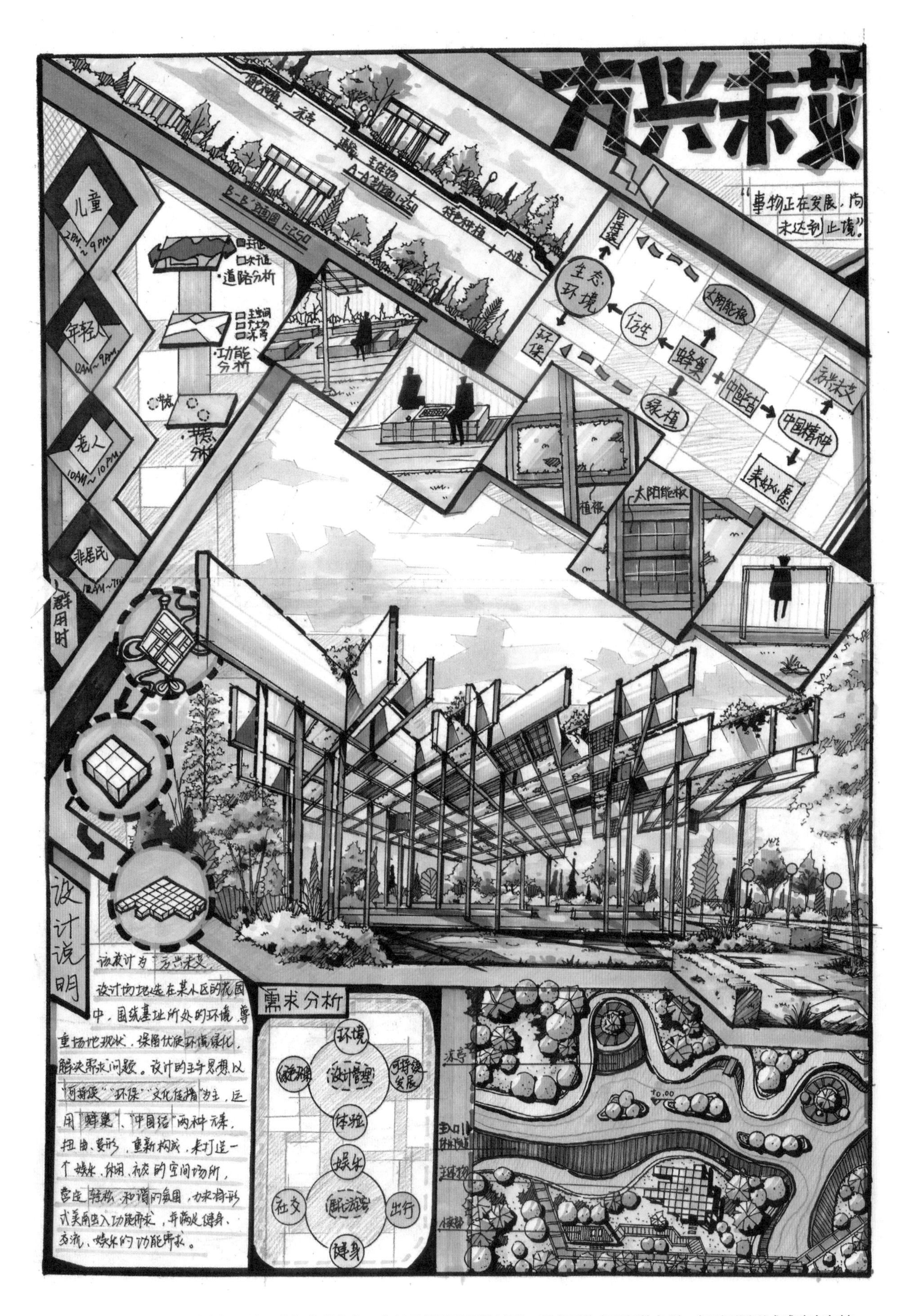

此套快题为校园活动空间设计，廊架造型丰富，廊架顶部设置了种植槽，呼应了生态环保的主题，但平面图形式感略有欠缺。

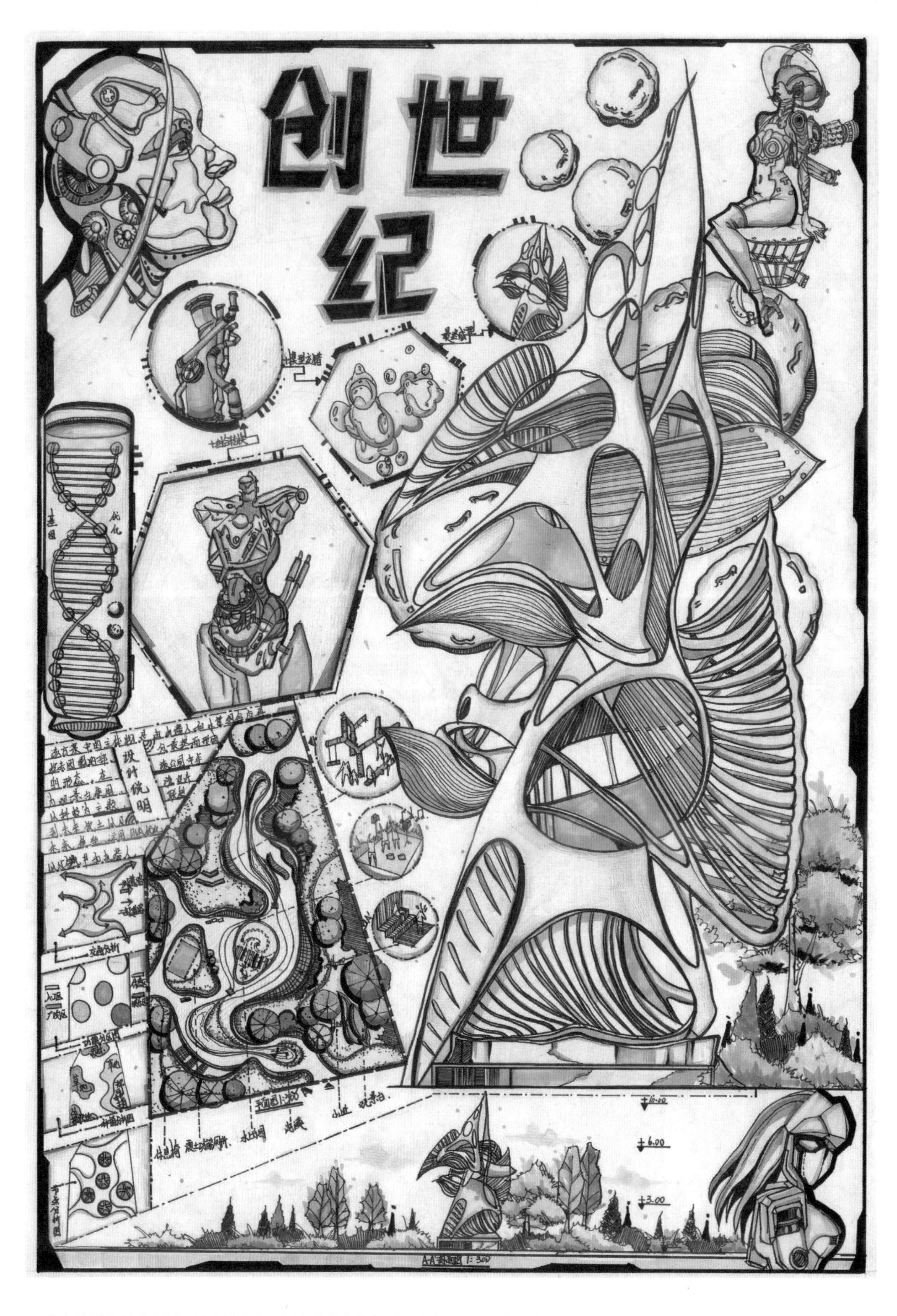

此套快题为科技主题，是考试中出现频率非常高的主题。这类主题在素材选择上应注重造型的设计感及材料的生态环保，同时也要具有未来感。

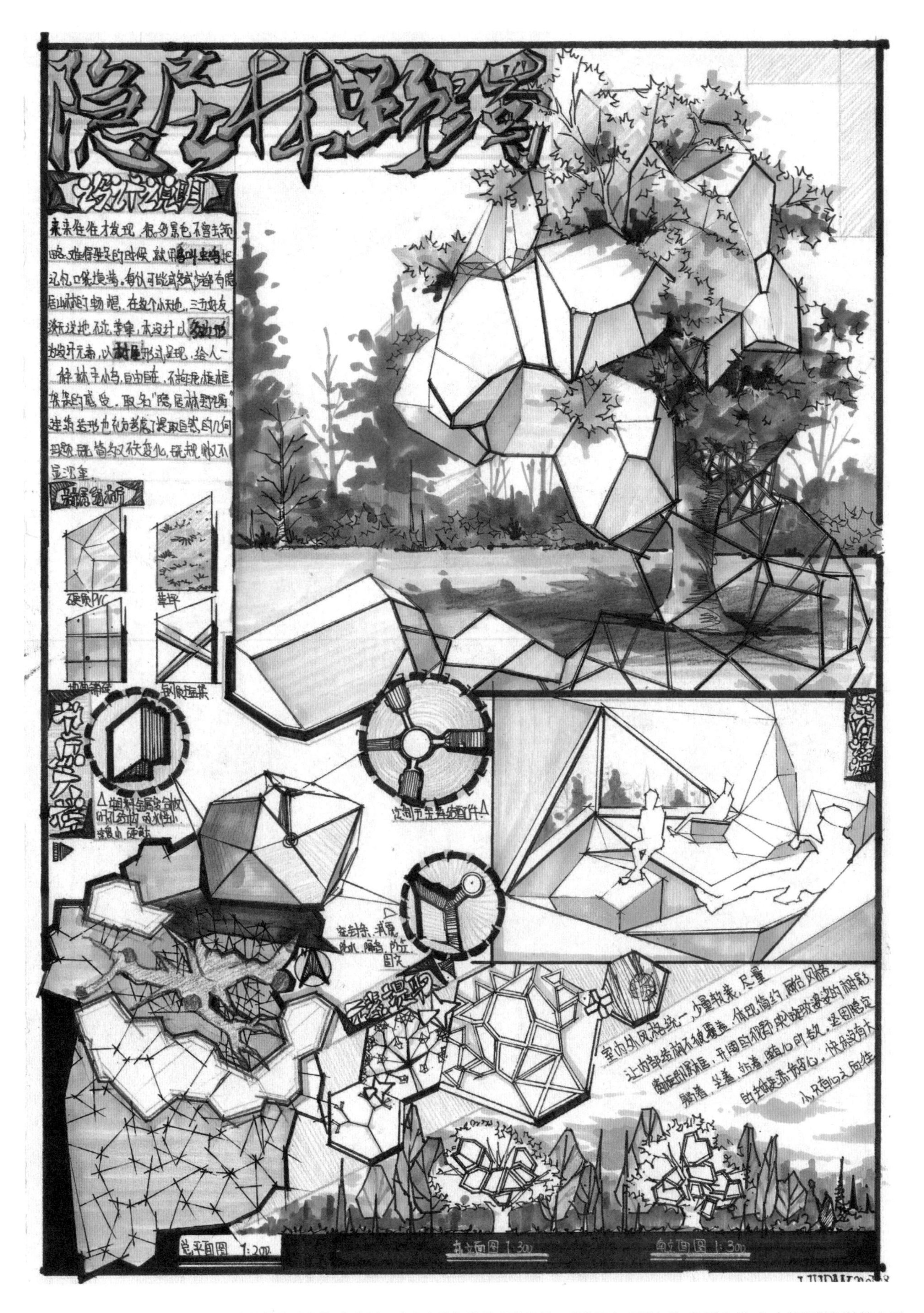

此套快题为生态环保主题，主体物与大树组合穿插，形成水乳交融的表达效果，表达了人亲近自然、热爱自然，与自然和谐相处的主题。

此套快题为绿色环保主题的校园活动空间，体块穿插感强烈，塑造有力，视觉冲击力强。

此套快题为乡村民宿设计，造型简单，建筑材料生态环保，色调相对柔和。

此套快题为科技主题，材料选用了废旧钢架，符合绿色环保主题，造型上比较复杂，线稿表达要求较高，由此反映出绘图者手绘功底非常扎实。

此套快题构图饱满、色彩艳丽，反映了绘图者很好的造型功底。但在分析图表达上略显空洞，应多注重分析图表达。

这套快题为公共厕所设计，有部分院校会考查小体量建筑，公共厕所设计以及周边环境设计也是考查重点，考查学生对设计规范的了解，以及是否能考虑到无障碍设计。

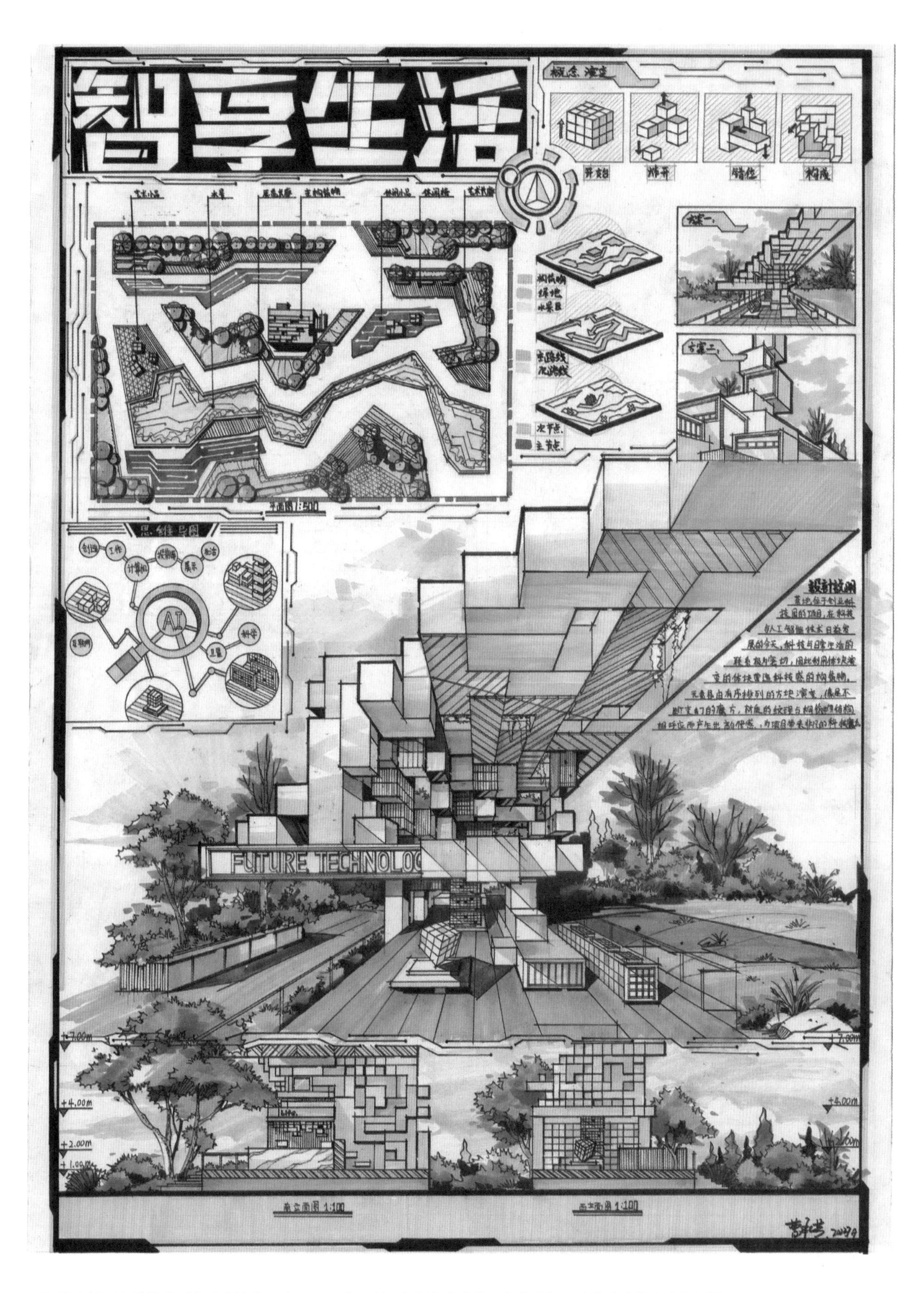

此套快题主体物造型由魔方演变而来，凹凸感强烈，光影变化丰富，但在空间尺度的准确性上略有欠缺。

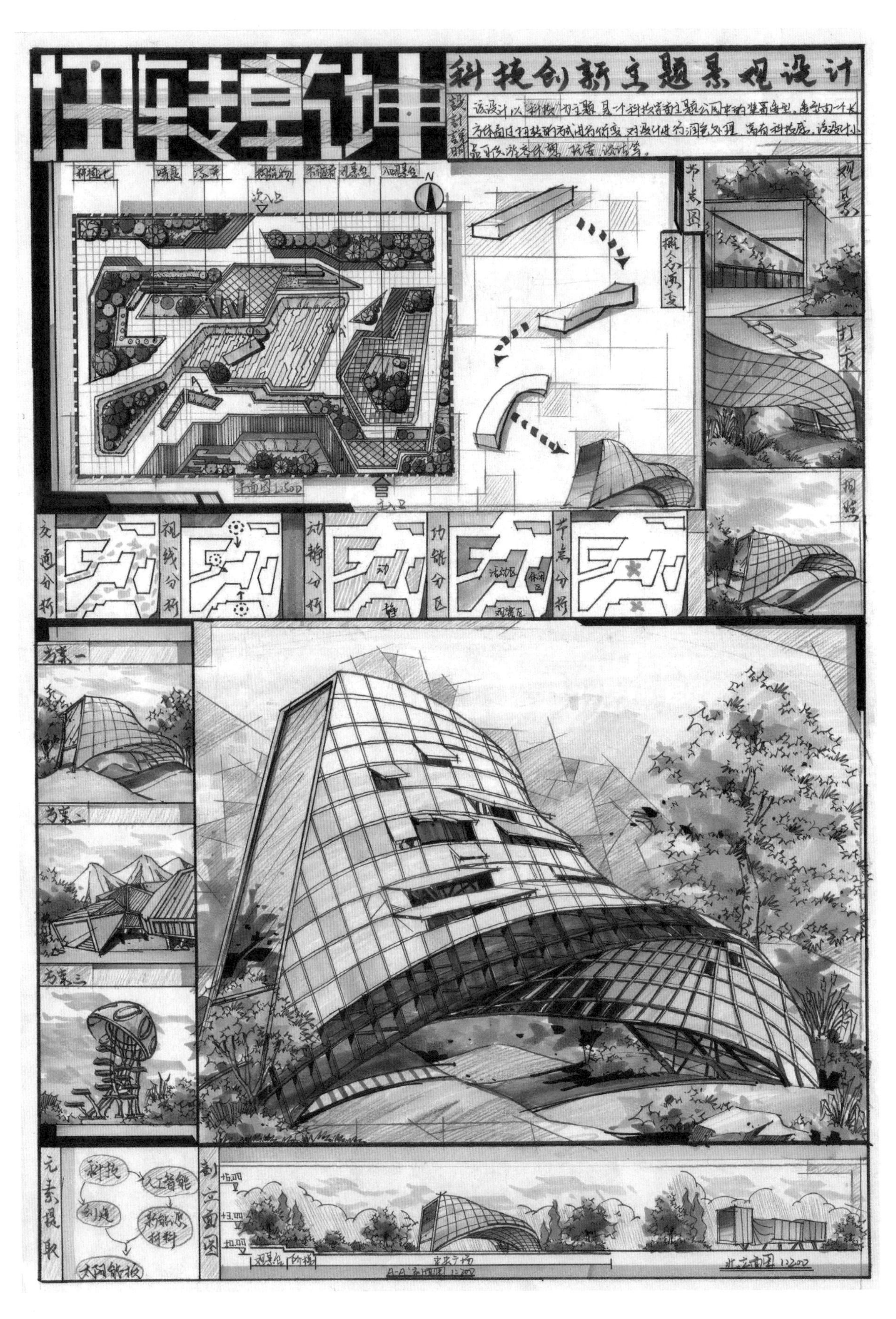

此套快题主题为乡村振兴主题，整体采用暖色调，色彩统一，画面完整。

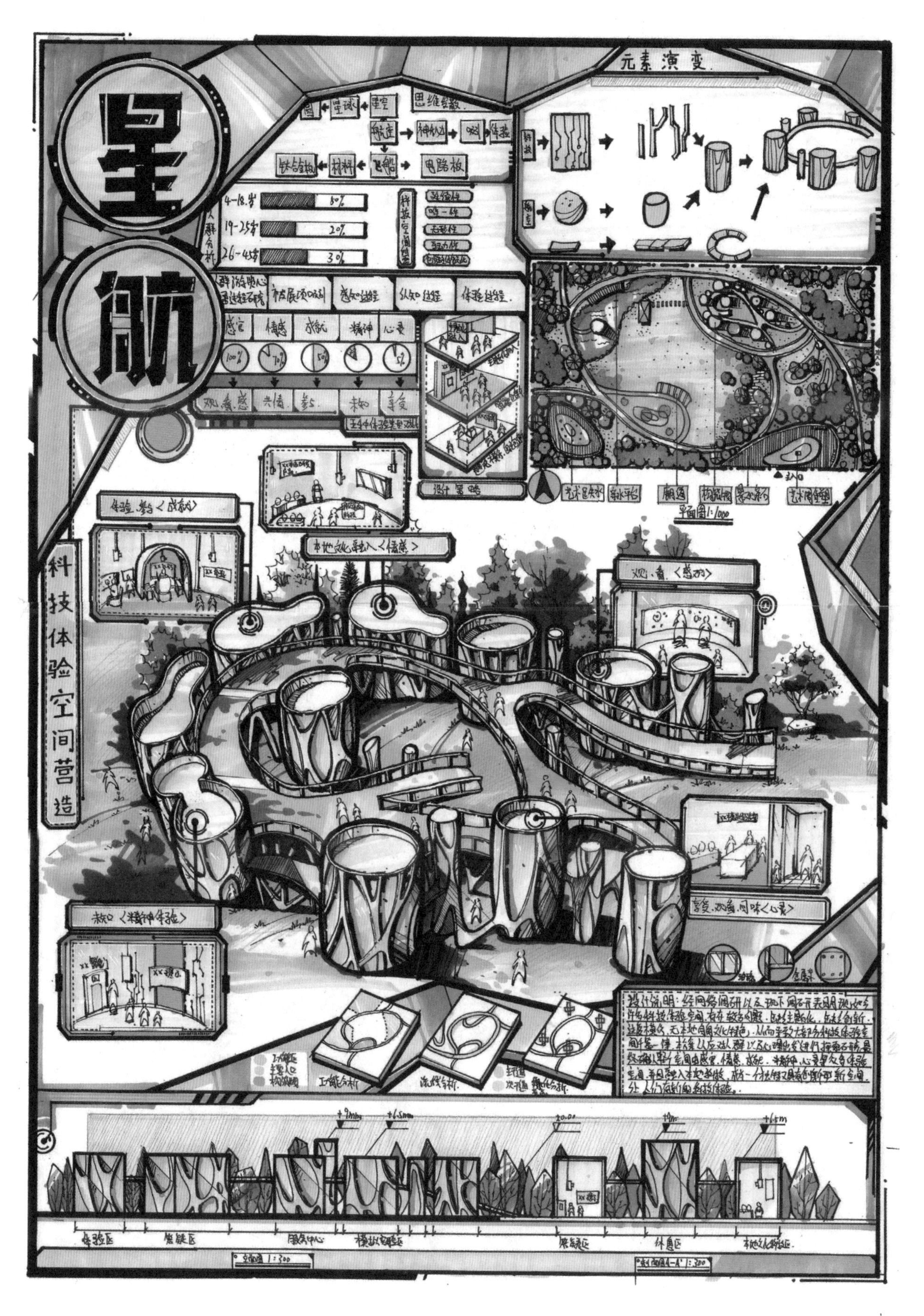

此套快题为儿童科技馆设计，整体设计逻辑表达清晰明确，蓝紫的色调突出了科技感。

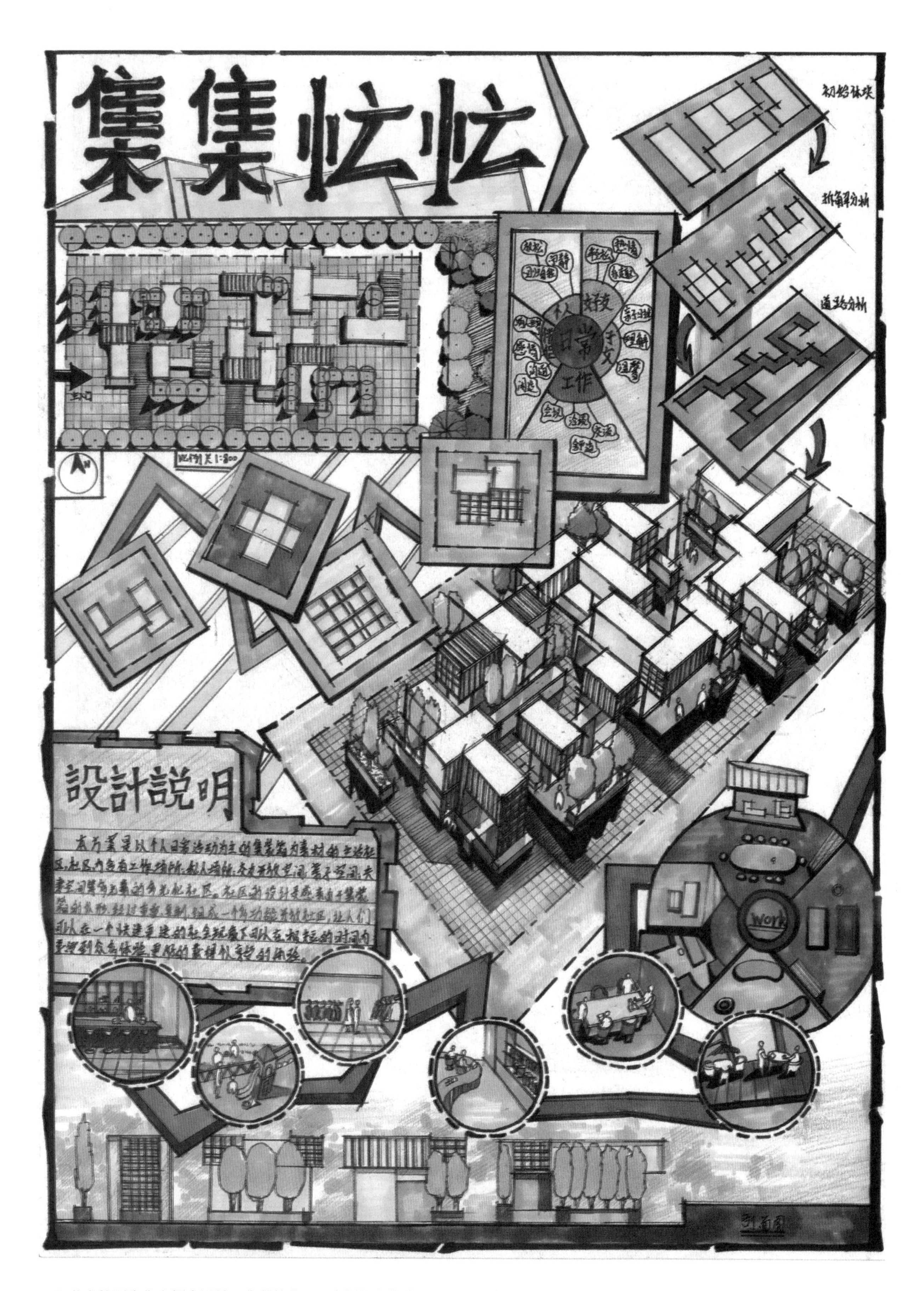

此套快题为集市概念设计，集装箱的不同穿插组合构成了一个个的空间单元。空间组合灵活多变，内部空间功能多样，充满趣味性。

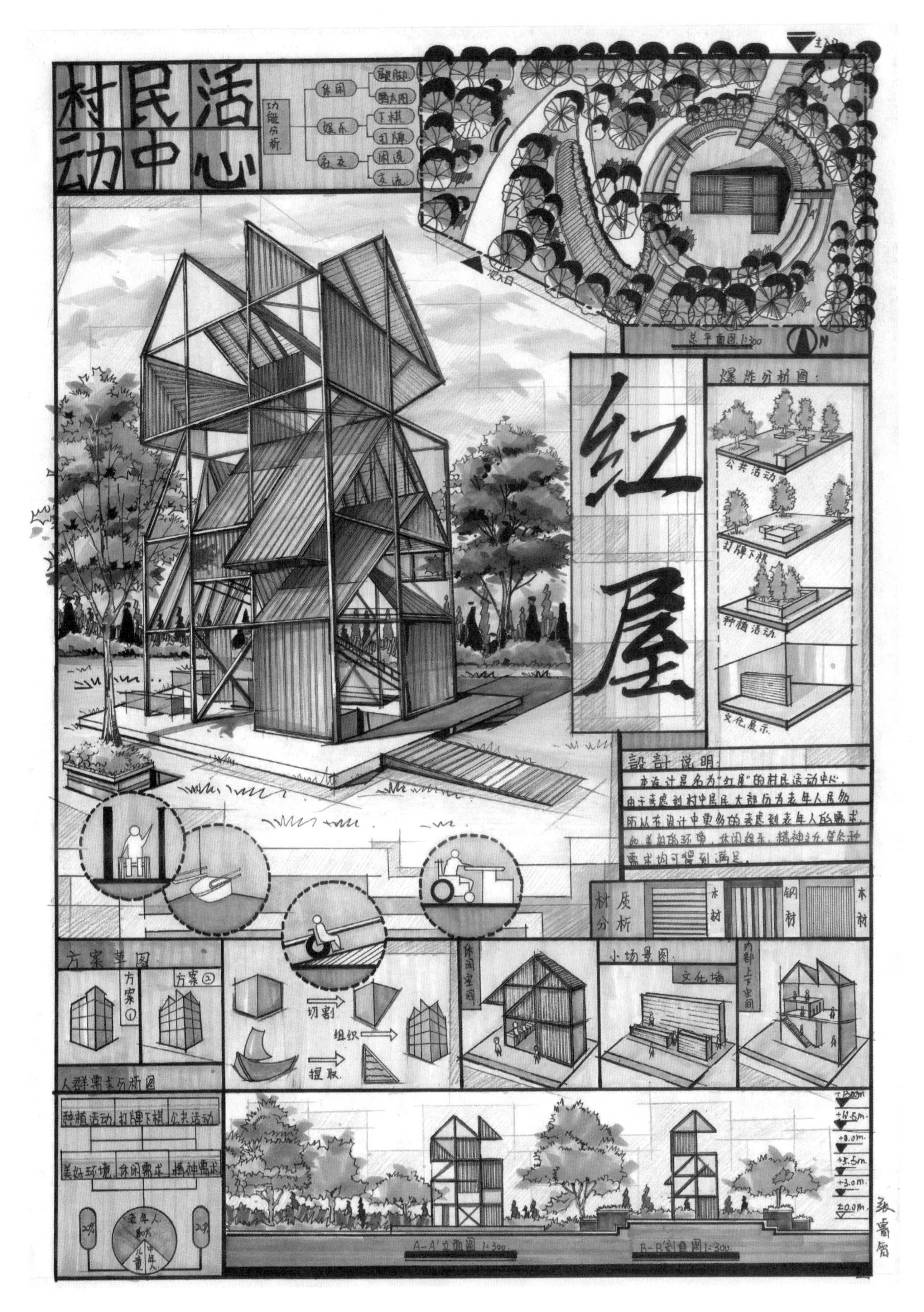

此套快题为中华传统元素雕塑设计，主题突出，色彩和谐、统一，视觉冲击力强。

此套快题为儿童活动空间设计，在主体物造型上为儿童设计了攀爬、滑梯等娱乐设施。儿童活动空间属于人文关怀类的考题，考查的频率也较高。

此套快题为儿童主题活动空间设计，采用了大量曲线造型，色彩艳丽丰富，绘画技法上也较为娴熟。

此套快题为乡村振兴主题构筑物设计，主体物采用传统的坡屋顶结构以及环保木材呼应主题，整体色调偏蓝，和谐统一。

此套快题为儿童活动空间设计，在主体物造型上为儿童设计了攀爬、滑梯等娱乐设施，但在效果表达上略有欠缺。儿童活动空间属于人文关怀类的考题，考查的频率也较高。

此套快题比较注重版面的装饰感，有中国风的韵味，黄蓝色调的对比也加强了画面的冲击力。

此套快题为中国传统元素主题，配色参考了中国的山水画，版面装饰也使用了大量中国风的元素，画面和谐统一，但图纸内容较少。

本套快题为集装箱主题，优点在于主体物透视感较强，植物颜色选择了较为浓重的暖灰色，与主体物形成了很好的衬托关系。

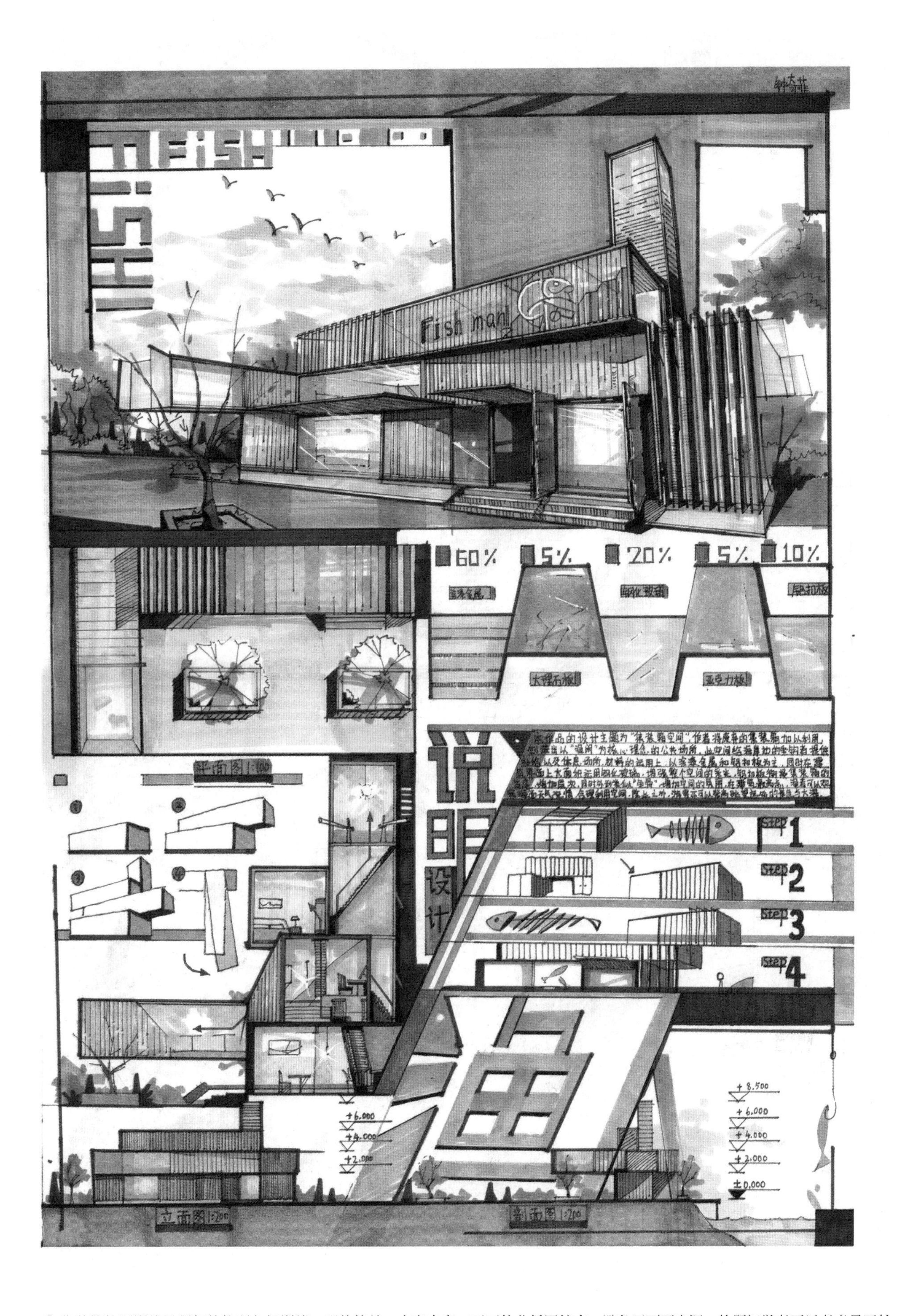

集装箱快题训练是很好的快题入门训练，形体简单、内容丰富，可画的分析图较多，避免了画面空洞。快题初学者可以考虑最开始练习的主体物为集装箱的快题。

此套快题为科技主题，为了体现科技感，画面配色选择了冷色调，主体物的造型也为折线的形式。

此快题完成度较高，分析图纸丰富，制图较规范，排版也用了两条大斜线分割版面，使画面更加灵活、生动。

此套快题图纸内容丰富，整体画面的暖色调在视觉感受上也比较舒服，但主体物的内容略显简单了一些。

此套快题采用了黄紫色调，色彩对比强烈。颜色铺了浅浅一层，干净、透亮，比较符合儿童的主题。

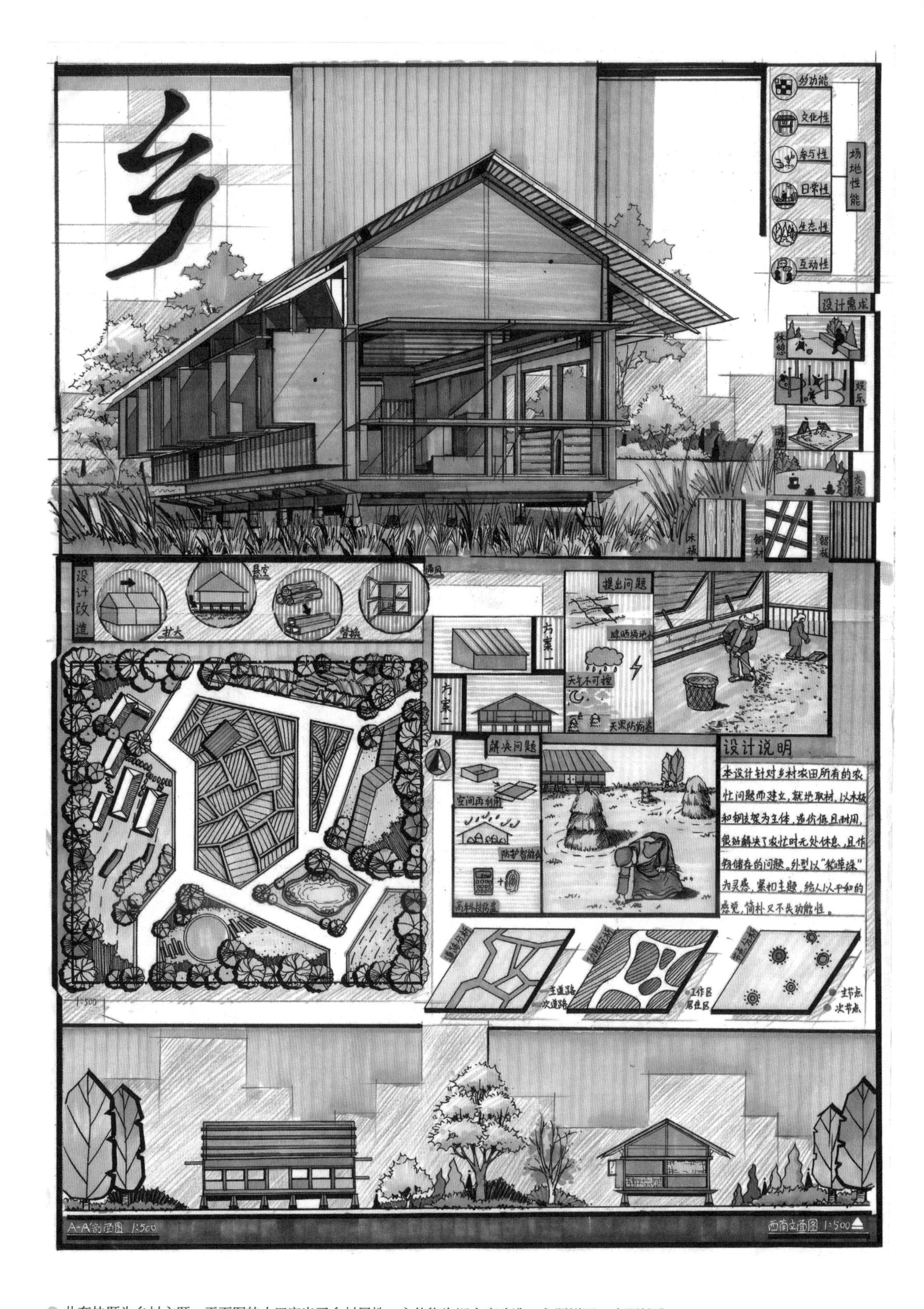

此套快题为乡村主题，平面图的农田突出了乡村属性，主体物为旧仓库改造，主题鲜明，点题精准。

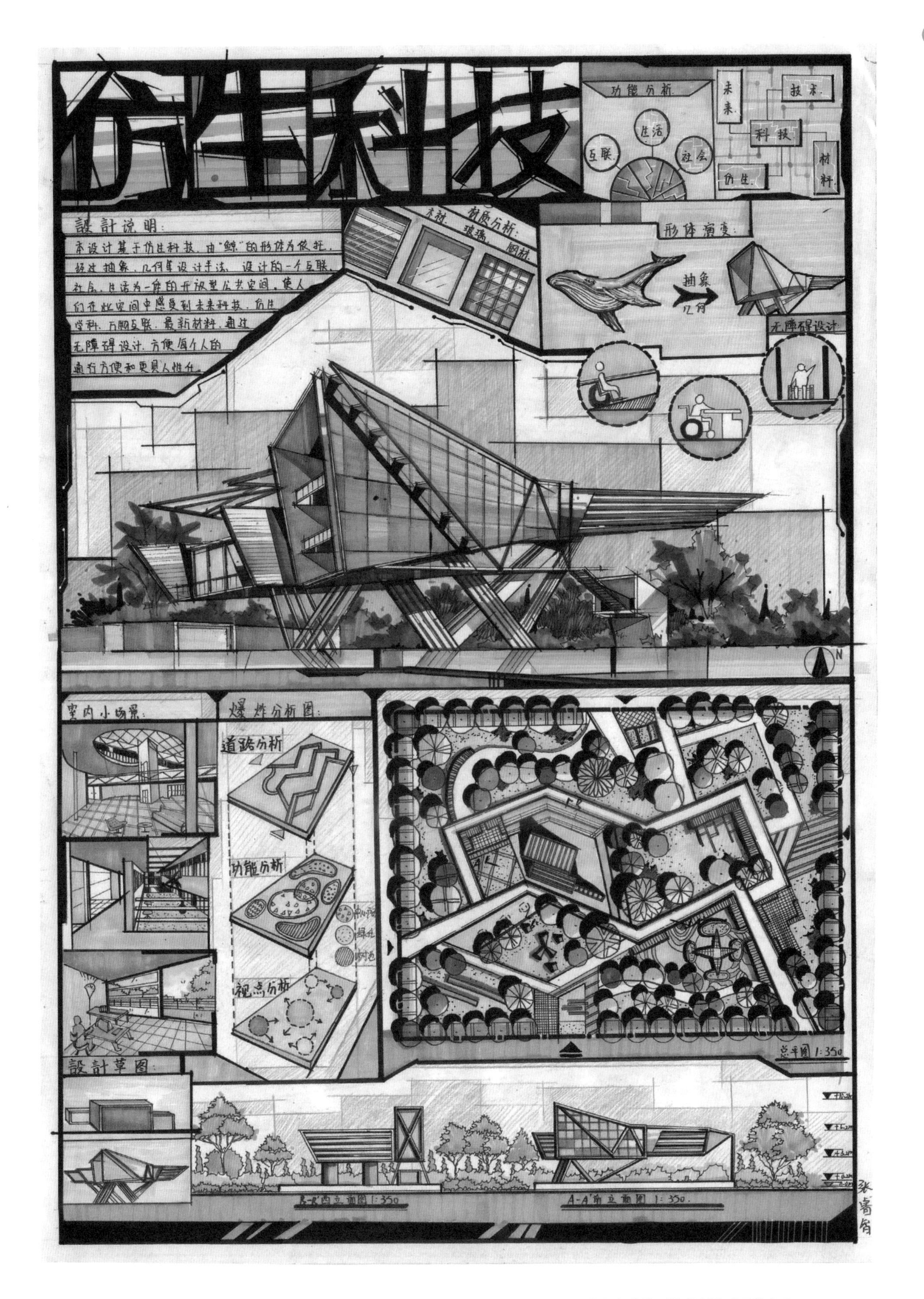

● 此套快题为科技主题，为体现科技感，主体物造型尽可能夸张、前卫，主体物配色上的红与蓝的对比使科技感更为突出。

此套快题的上色方法是一种较新颖的方式，主体物重点刻画，植物空白处理，空白处用蓝色填充，画面较统一。

此套快题为集装箱组合训练，平面形式变化丰富，整体塑造准确，色彩统一，但平面主体物空间尺度与效果图略有不符。

此套快题为公园入口主题构筑物设计，造型灵感来自高低起伏的屋檐，造型演变过程清晰明了，小场景图生动形象。

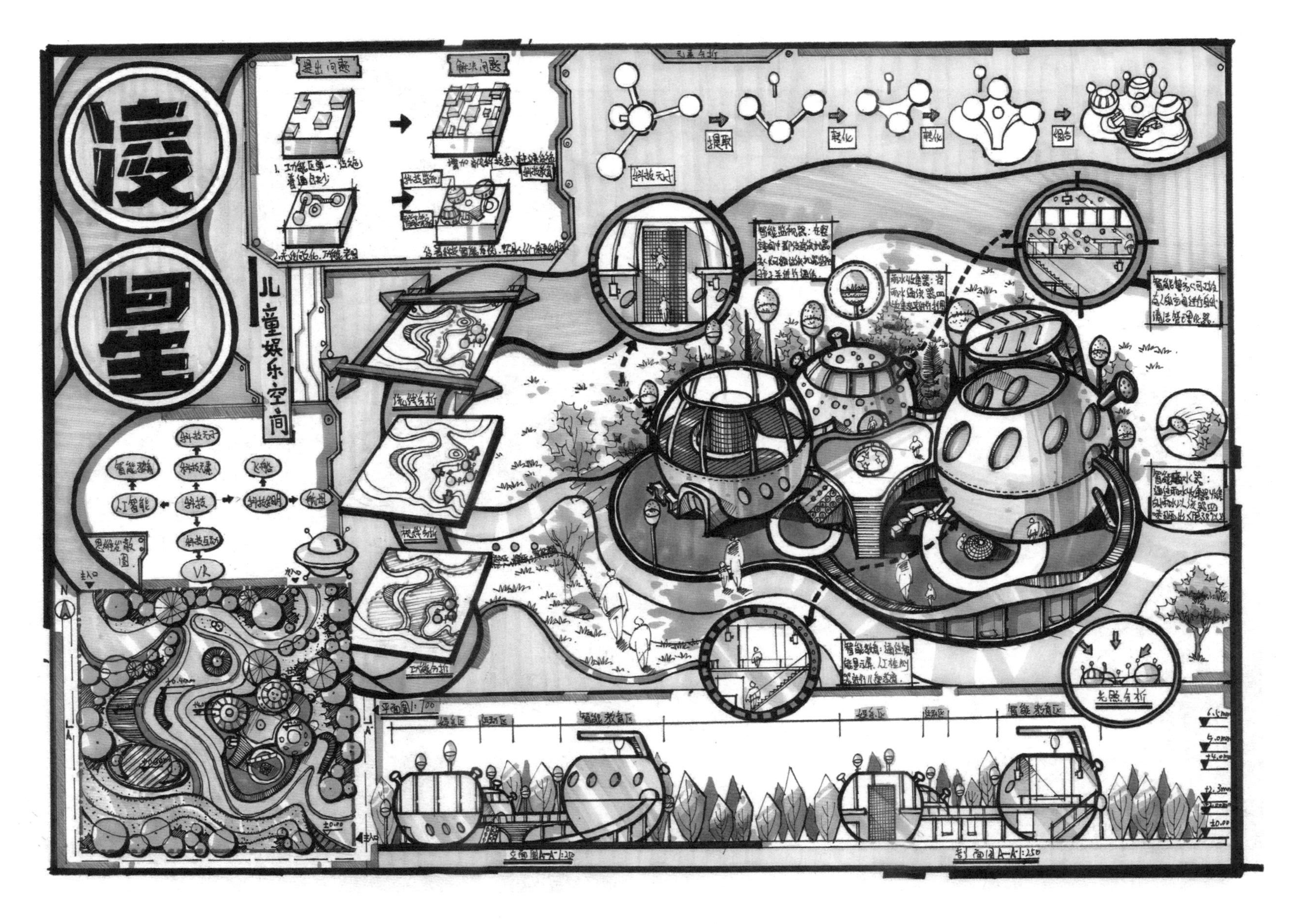

此套快题为科技主题快题设计，形体塑造扎实、准确，冷暖对比效果突出，主体物形体变化多样、细节丰富。

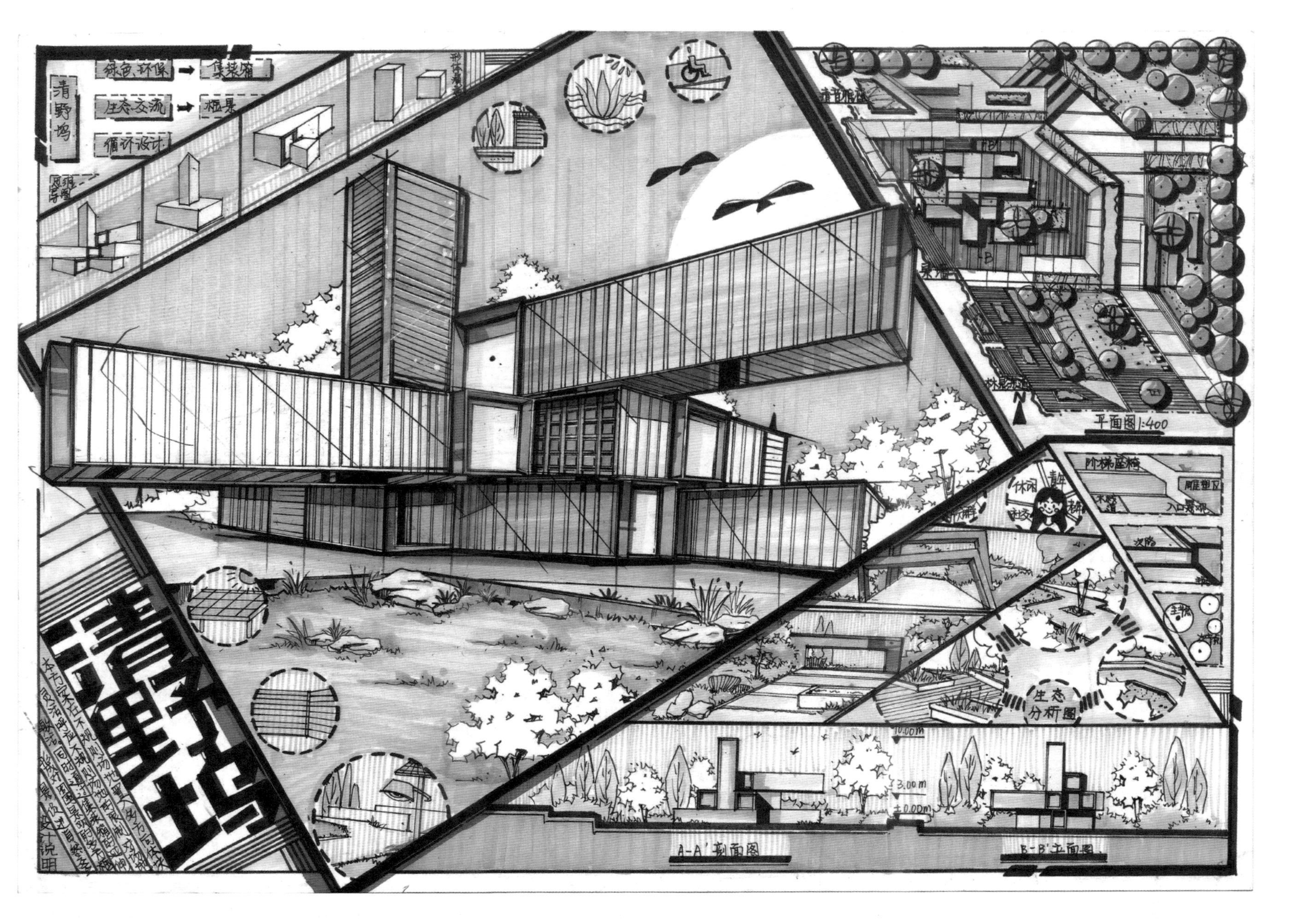

此套快题排版构图非常大胆，利用矩形将主体物框出来，使得主体更加突出。集装箱本身属于废旧物品被回收利用，紧扣了绿色环保主题。

考生往往将快题的植物习惯性地画成绿色，其实为了画面的统一，还有很多颜色可以选择，需要多考虑主体物和配景植物的色彩对比。

此套快题主题为乡村图书馆设计，整体造型灵感来自中国传统建筑——土楼。此套快题的问题在于平面图中主体物的大小尺度与效果图尺度不符。

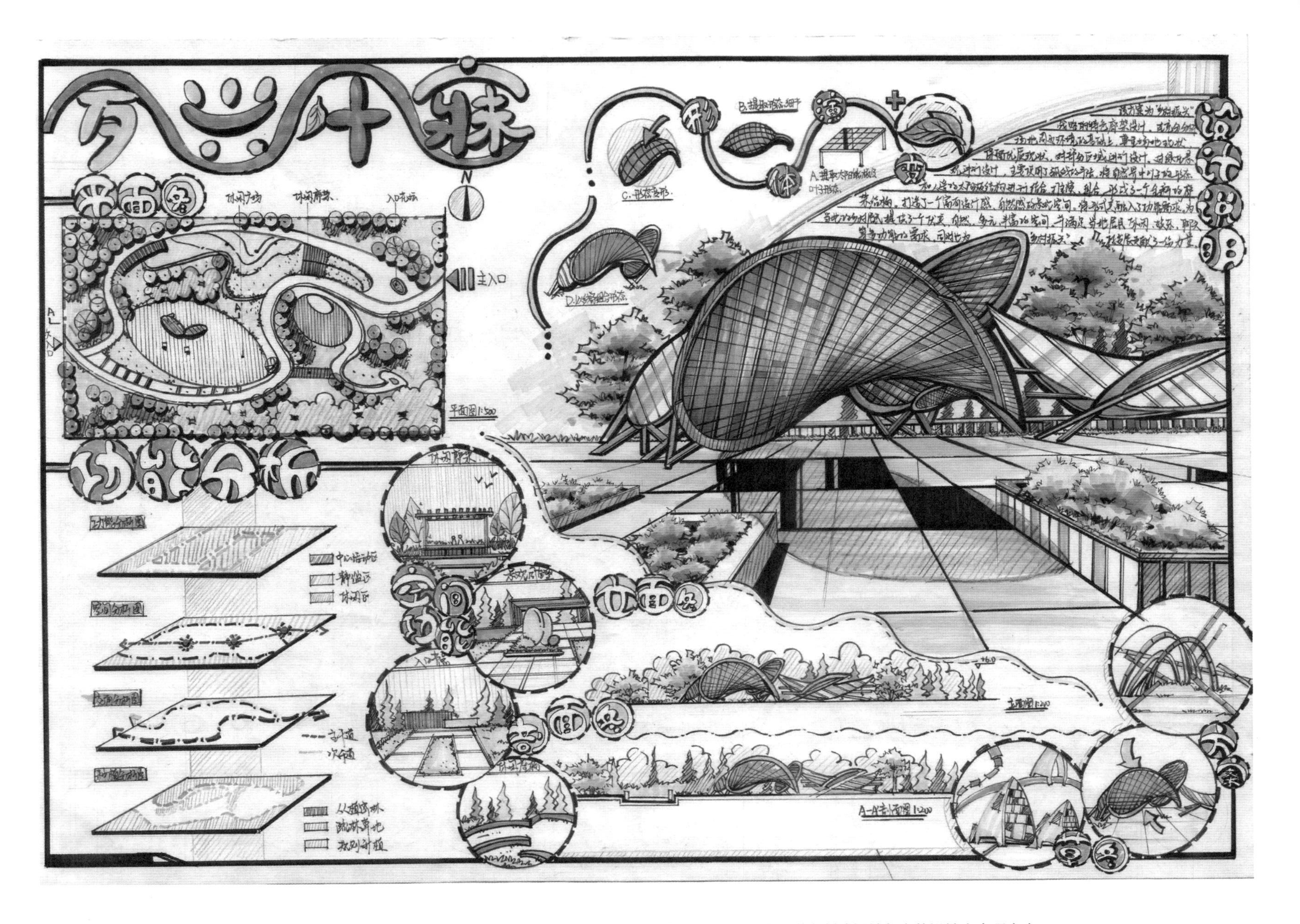

此套快题为校园主题空间设计，主体物造型相对简单，但也通过周边植物与其他环境的塑造丰富了画面。该同学在版式设计与字体设计上表现突出。

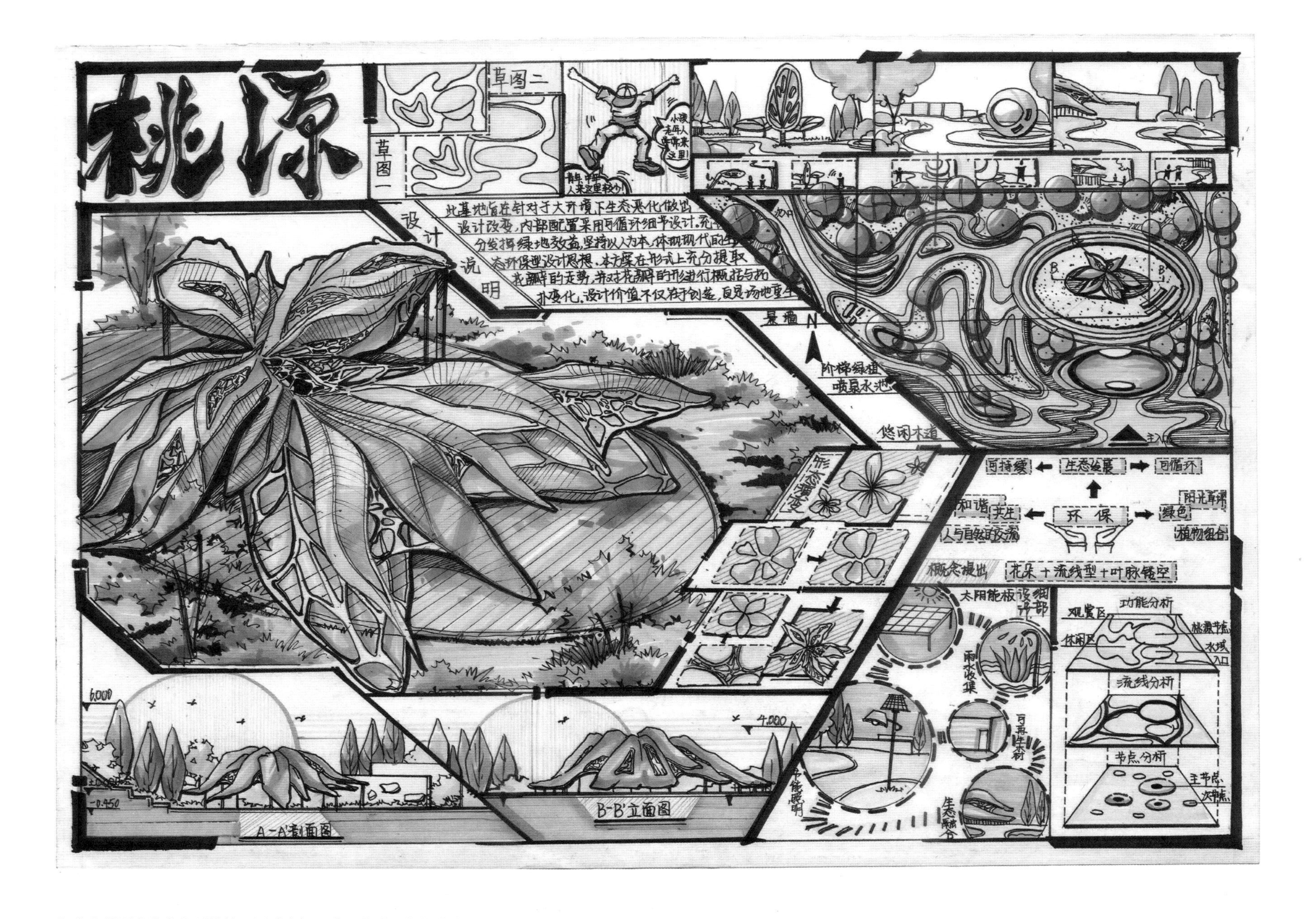

此套快题为生态主题的校园活动空间，花朵的造型紧扣生态主题，但略显复杂，考试时容易控制不好造型和画图时长。

此套快题为科技环保主题活动空间设计，主体物造型丰富、现代，比较贴合主题，但配色上略显灰暗，稍有不足。

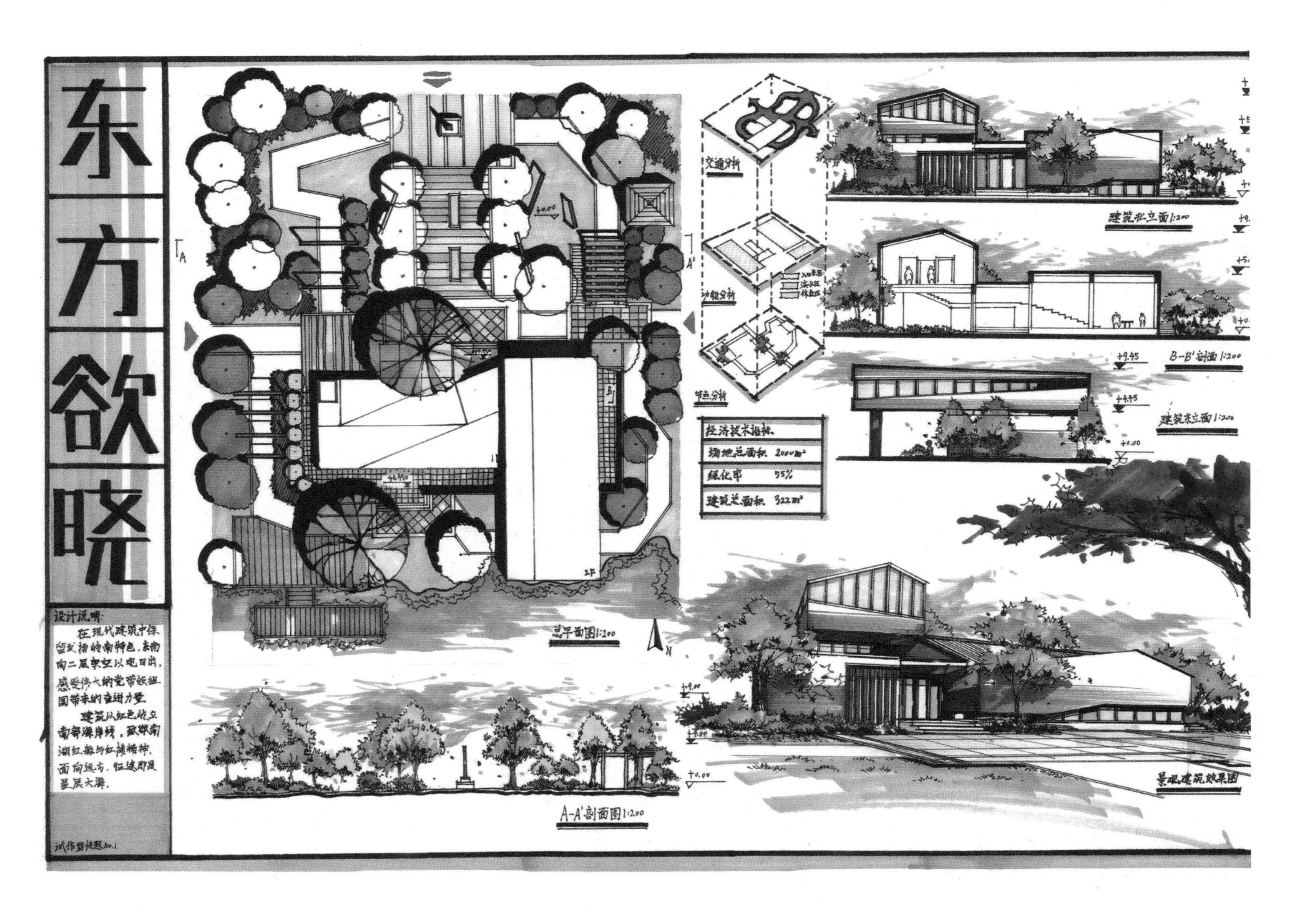

此套快题为综合性快题，设计内容有建筑设计、建筑周边平面设计。此种类型在武汉地区和上海地区院校考查的频率较高，需要考生掌握的知识较为全面。

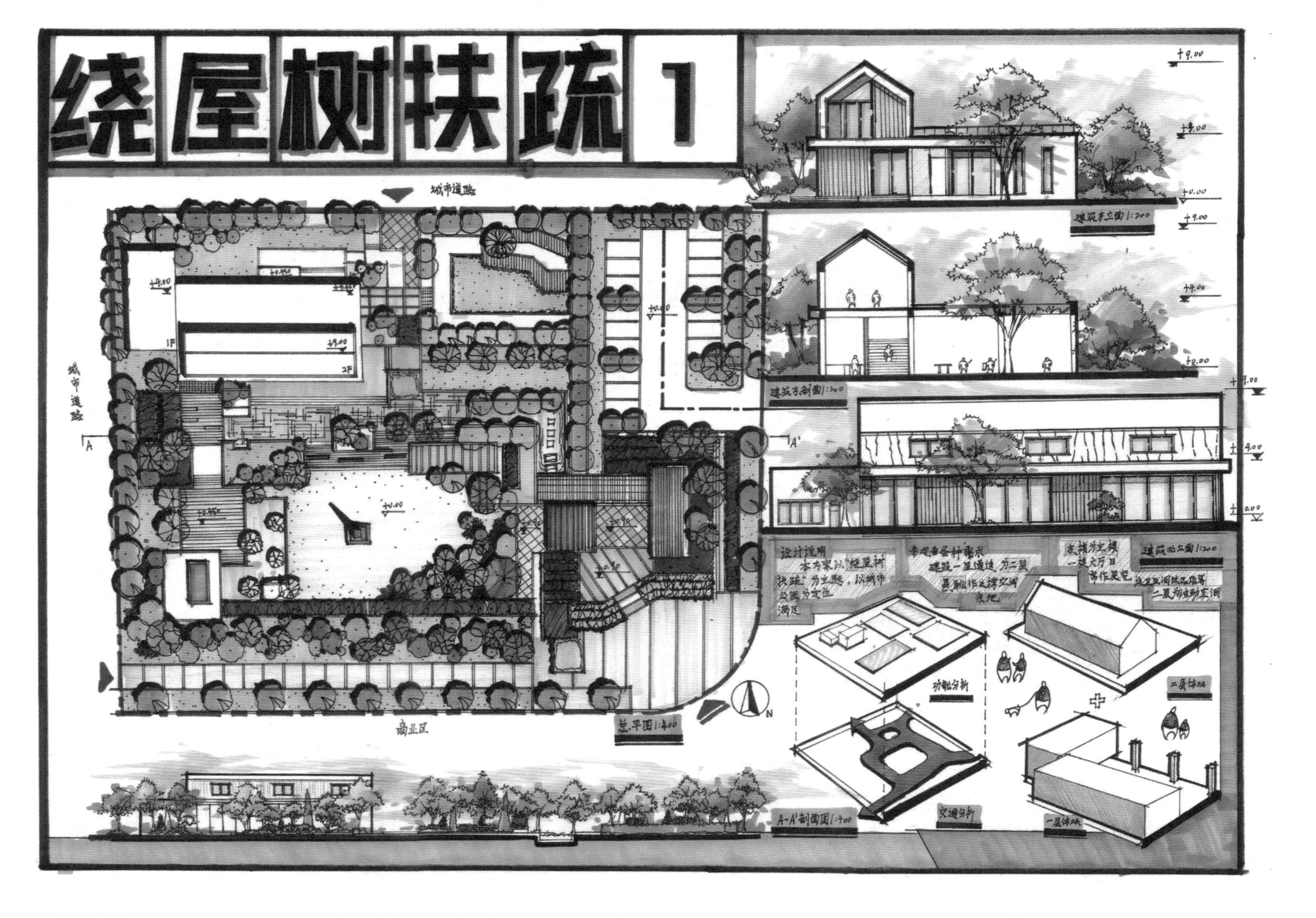

经常有院校快题考试为两张或多张纸，因此往往考查的内容较多，建筑、景观、室内均会有所涉及。此图为整套快题的第一部分，内容包含总平图、建筑剖立面图、场地剖面图、建筑体块生成分析图。

此图为整套快题的第二张图纸，内容包含室内空间布置图、建筑效果图、室内效果图、室内立面图、活动场景图。

此套快题构筑物体量较大，因此在平面设计过程中会有许多困难。此套图纸胜在构图饱满、内容丰富、配色和谐、黑白对比强烈，在版面装饰上可供借鉴。

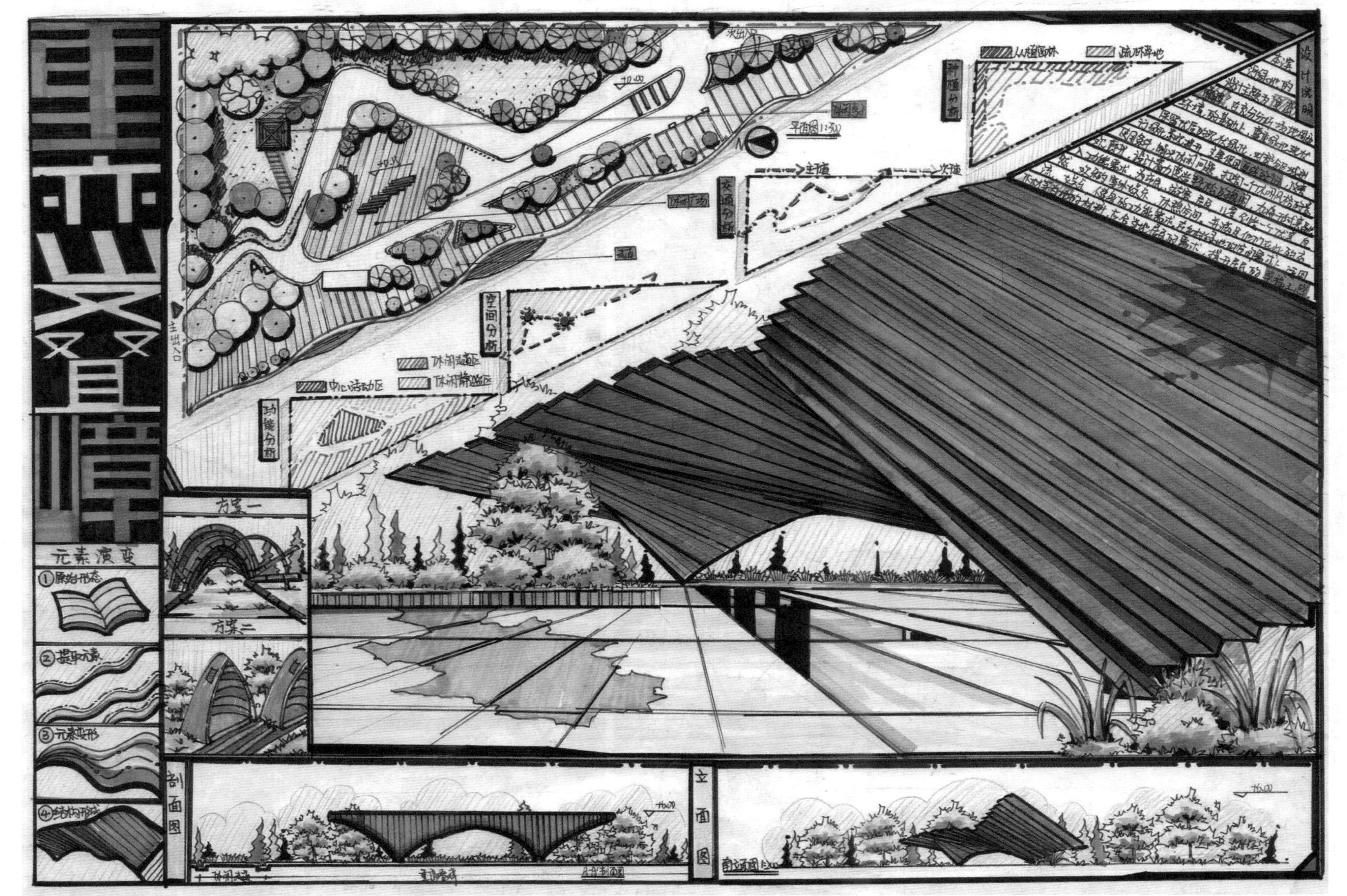

● 此套快题的周边环境是蓝色，主体物是暖色，形成了很好的冷暖对比，视觉冲击力强。

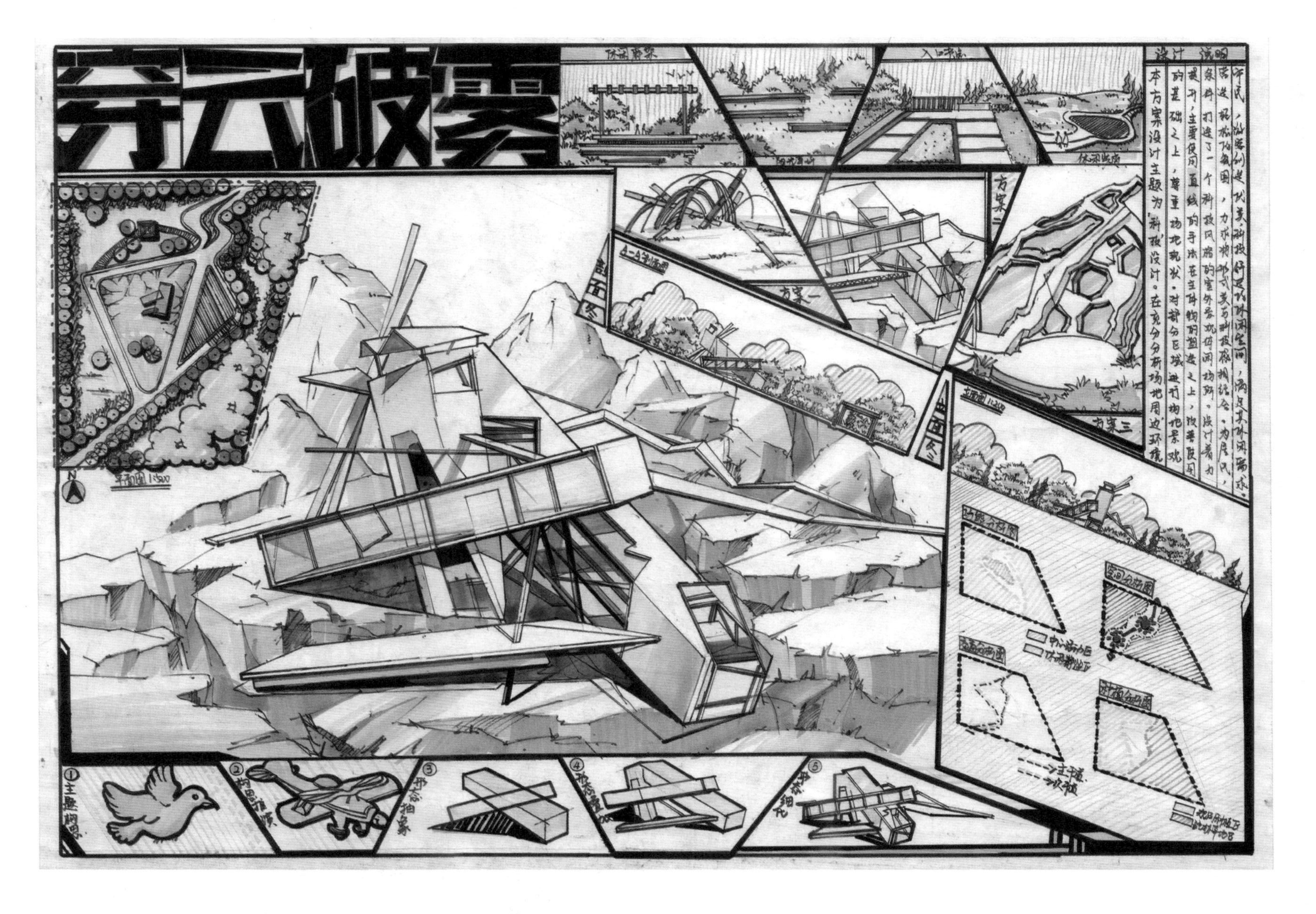

此套快题为科技主题构筑物设计，采用了大量简洁的直线突出科技感。环境选在了山地，提升了画面质感，并丰富了画面内容。

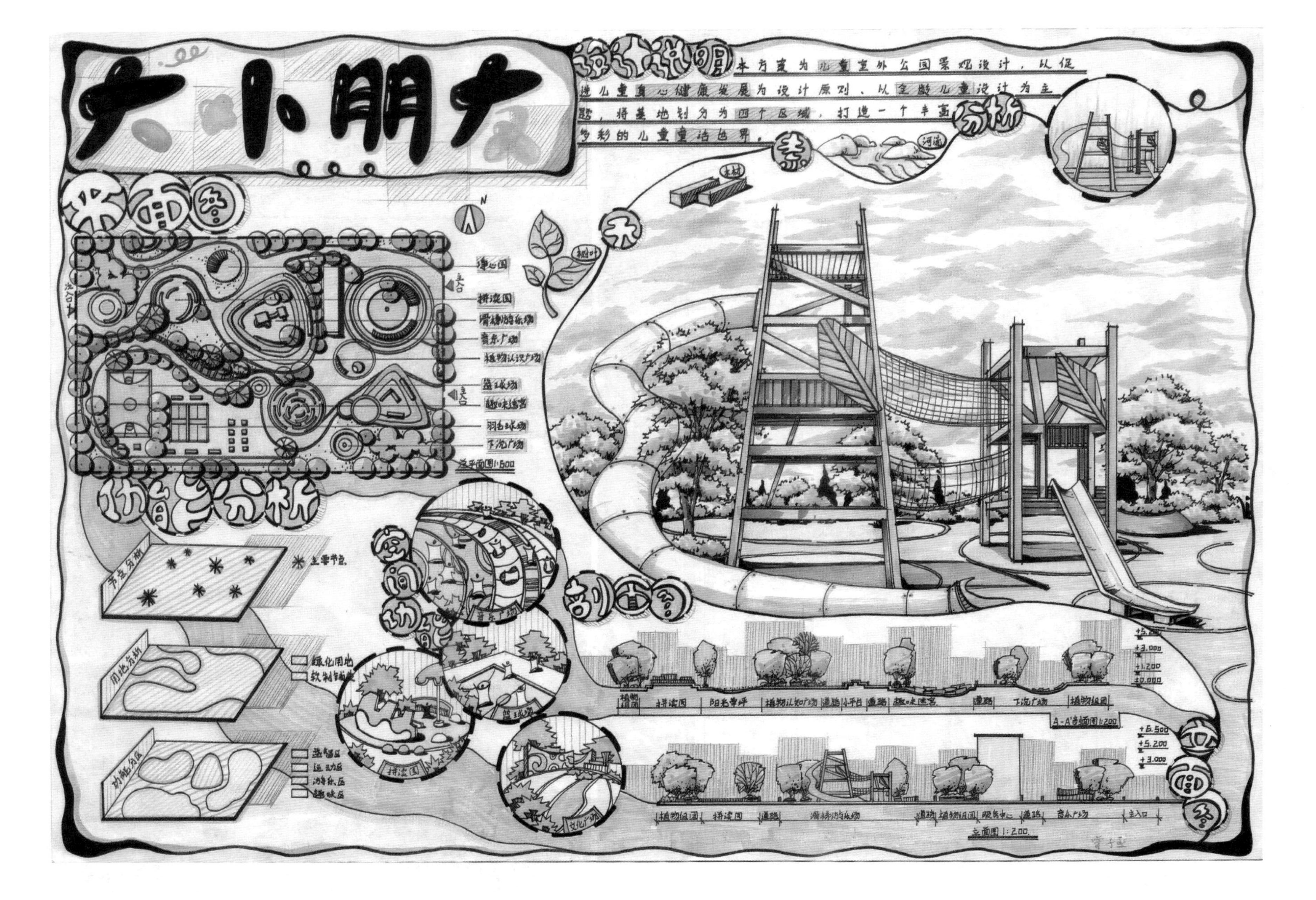

●画面的排版非常卡通，紧扣主题，整体画面非常清透，主体物造型略简单。

此套快题采用了蓝紫的色调，突出了科技主题。但效果图周边环境与平面图不符。

此套快题为仿生主题，主体物造型由金鱼演变而来，变化多样、内容丰富，但作为考试试卷来说过于复杂，容易失误。

此套快题为生态环保主题科技馆设计，鲸鱼的造型凸显环保主题，整体画面细腻、丰富。

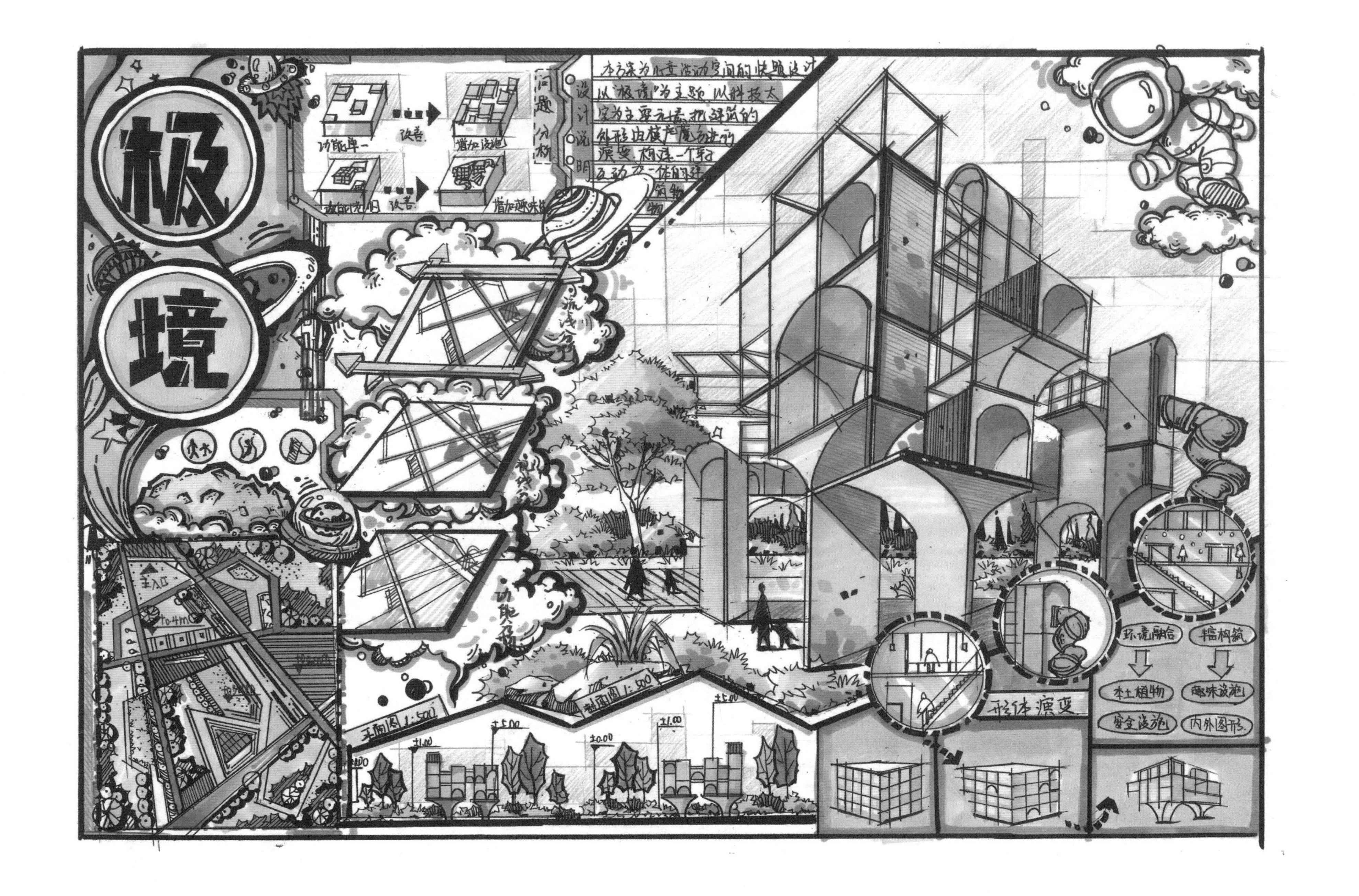

极境
问题分析
设计说明
本方案为儿童活动空间的快题设计
功能单一
改善
增加设施
增加趣味性
主入口
平面图 1:500
剖面图 1:500
形体演变
环境融合
搭构筑
本土植物
趣味设施
安全设施
内外图形

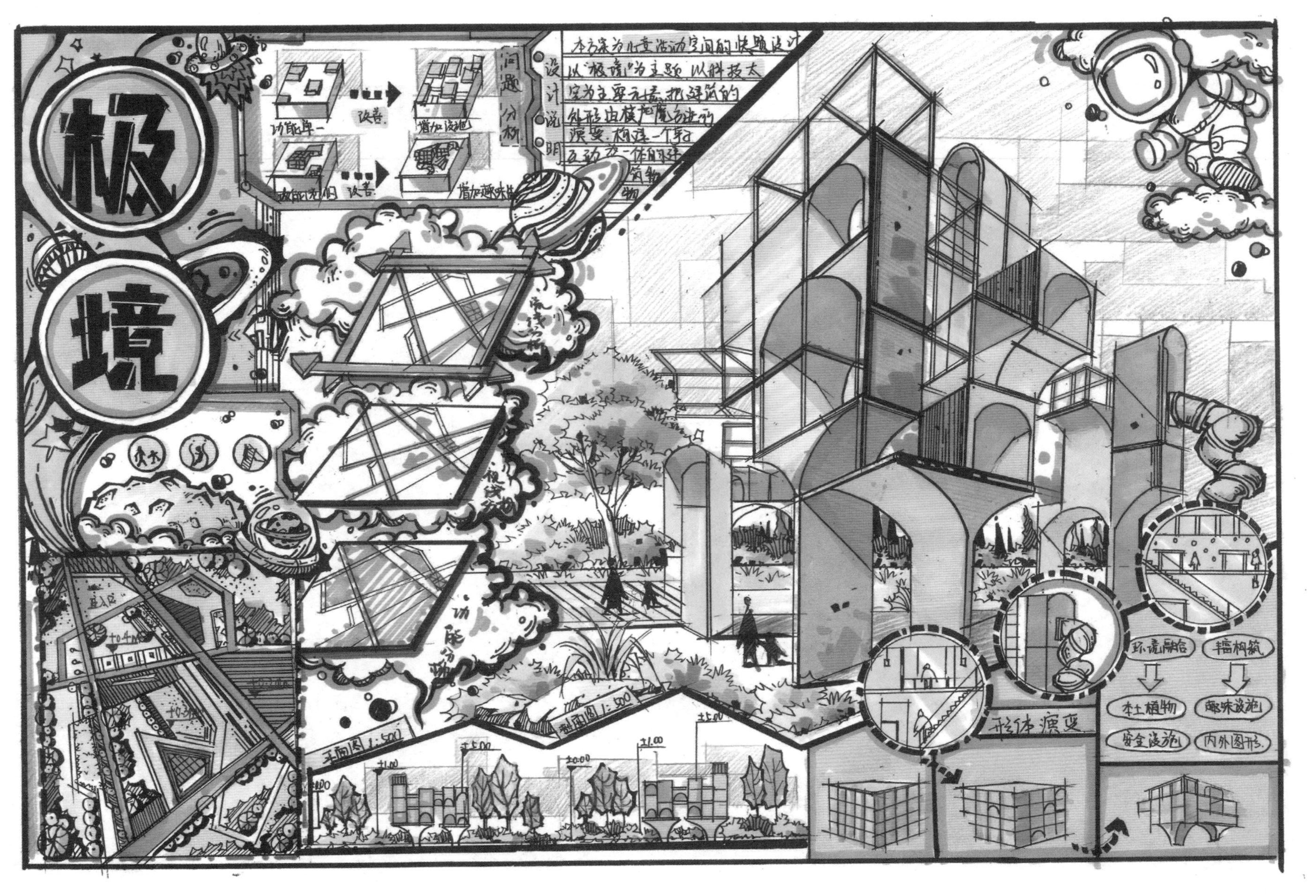

同一方案尽量多做不同色调的练习，培养自己的色彩感觉。

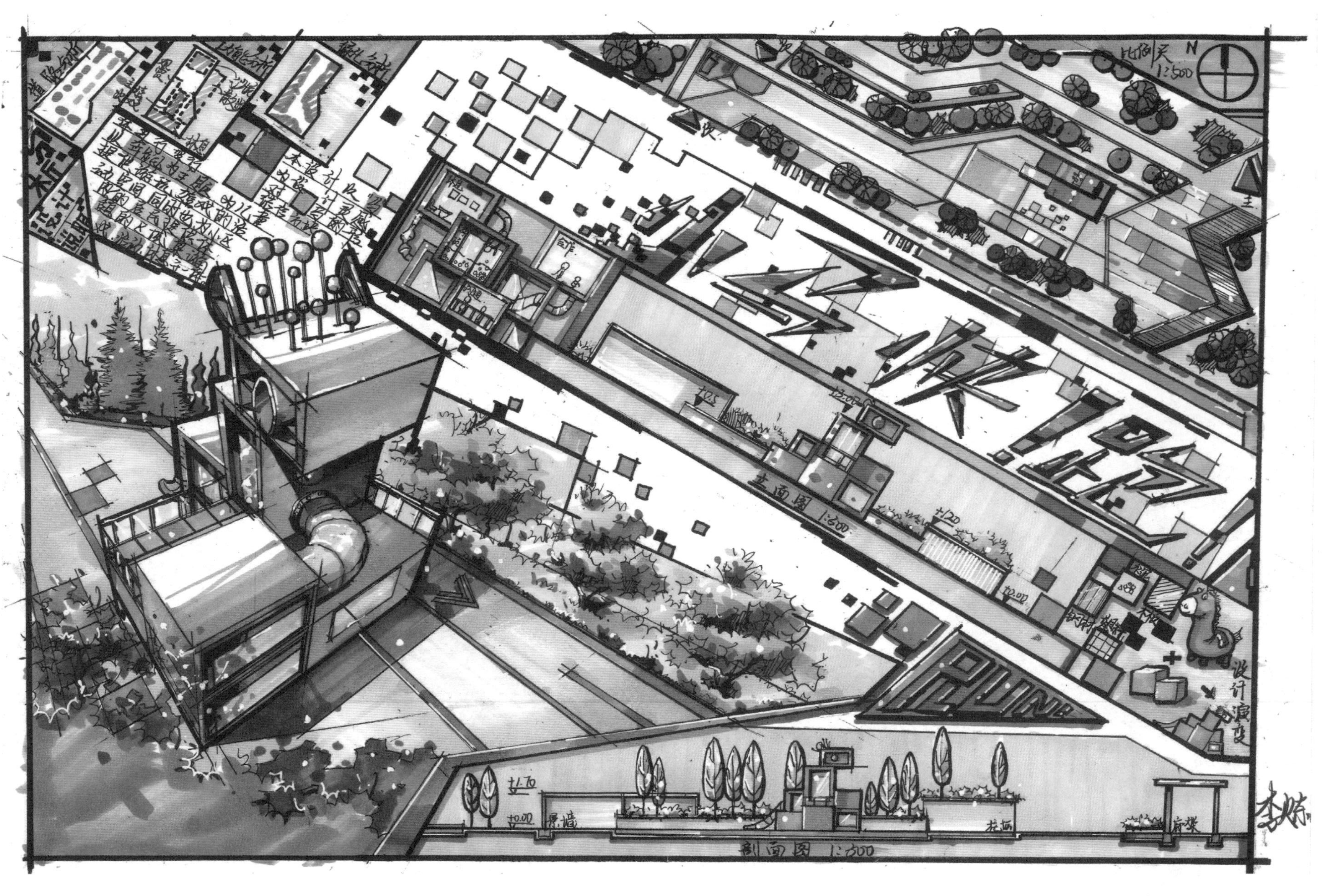

儿童主题的快题设计需要整体色彩鲜明、艳丽，装饰的元素相较其他主题可以更多一些。

此套快题用了很多圆形的元素，主要由于主体物的造型也是大小圆形的组合。

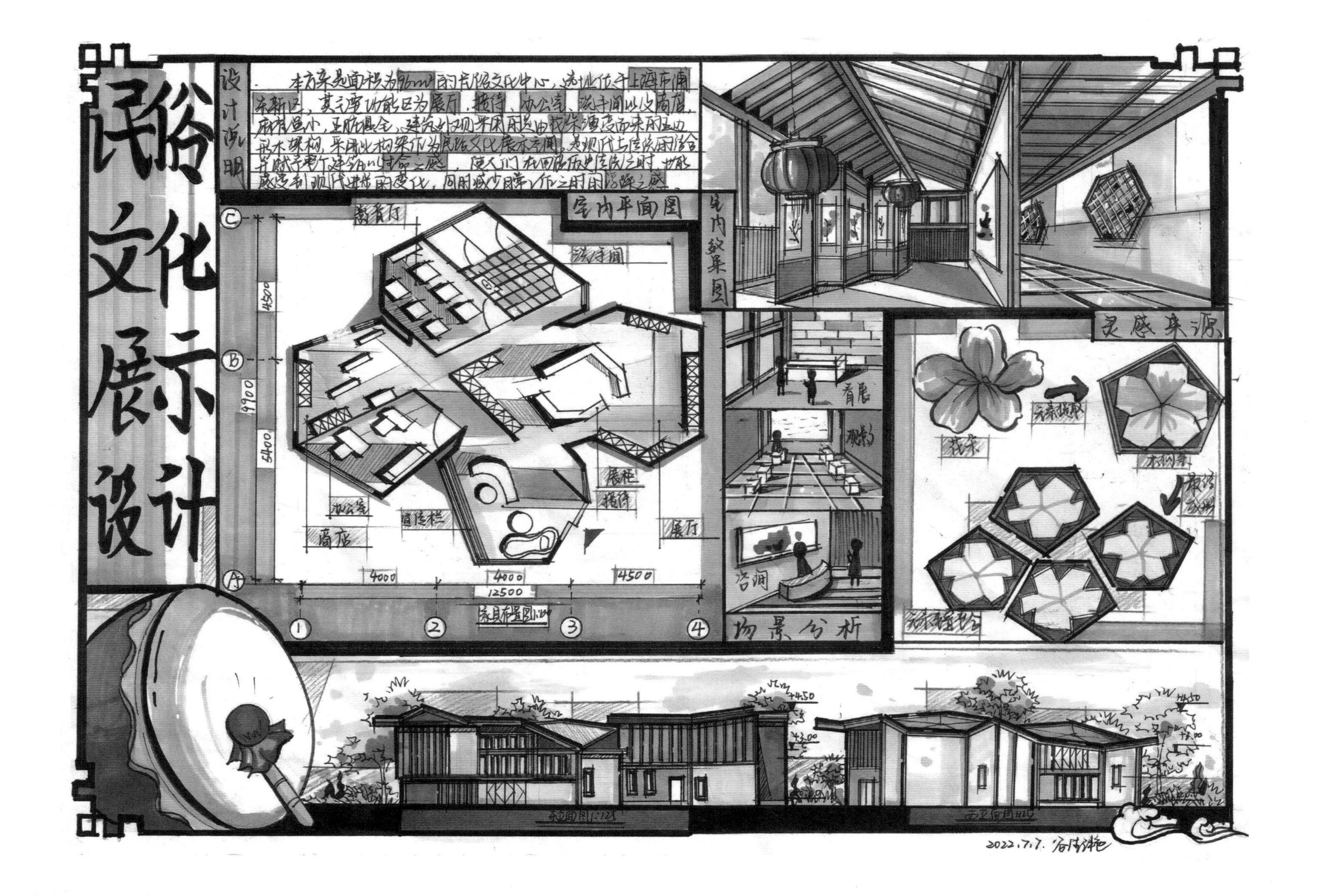

民俗文化展示设计
设计说明
室内平面图
室内效果图
场景分析
灵感来源
洽谈间
展厅
接待
办公室
商店
看展
咨询
花朵
4000
4000
4500
12500
9900
4500
5400
2022.7.7.

以上两套快题为报考上海理工大学的同学的日常练习作品，该校考查内容为小体量建筑设计，比较注重建筑内部空间以及造型设计。

艺术家工作室
效果图
庭院以水与植物为主体现人与自然和谐的思想，也使得整体建筑更加具有生命力。
形体推演
立面图1:100

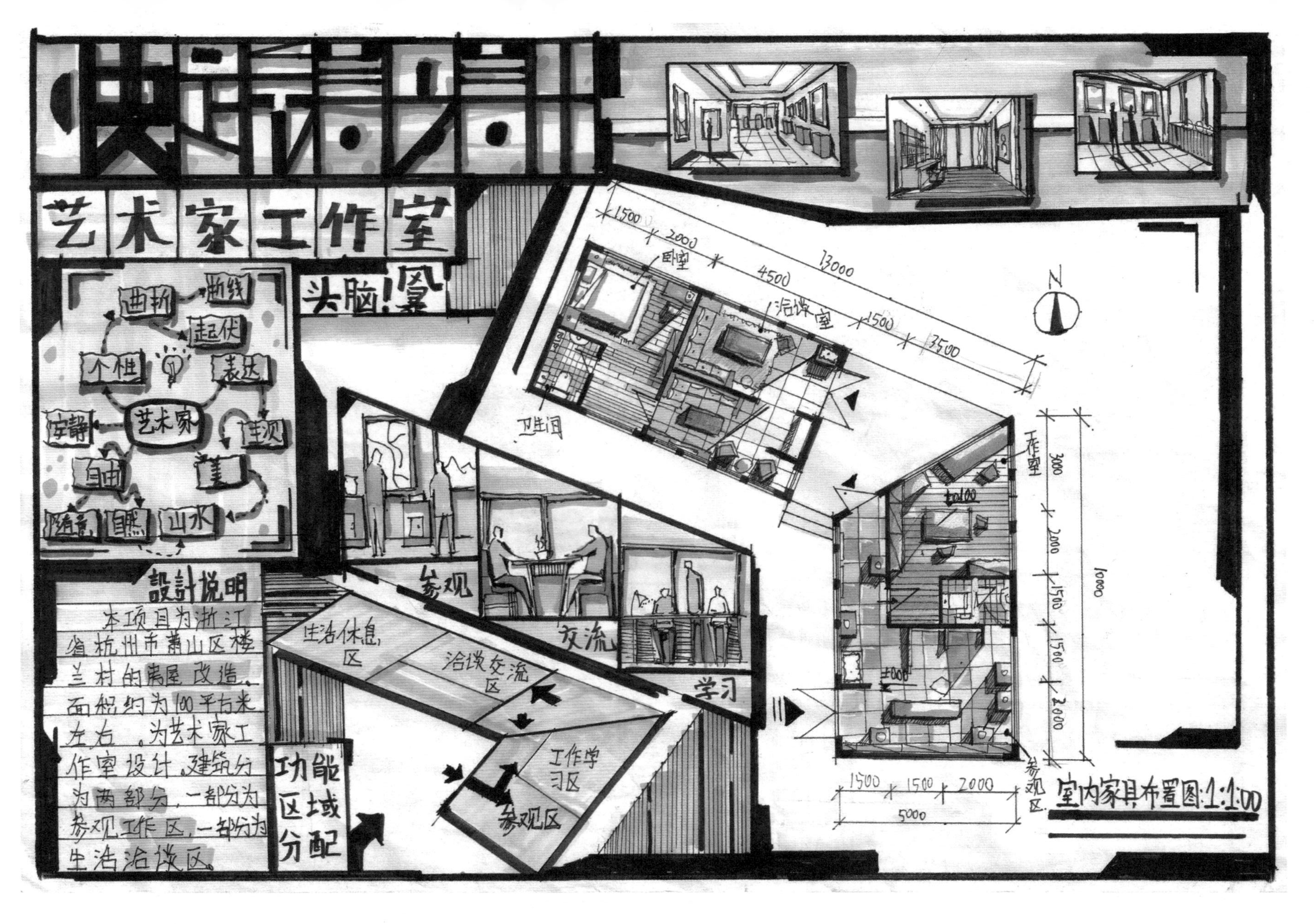

● L 形的建筑布局相对来说内部空间布置较为灵活，建筑造型也相对丰富，单层的建筑素材较难搜集，在找到好套用的素材后要多加修改。

此套快题为科技主题，为体现科技感，边框采用了大量的折线元素，配色也选择了较有科技感的蓝色与红色，画面整体感强，对比度高。

此套快题为儿童主题快题，主体物采用圆球镂空的造型，色彩艳丽、丰富，符合儿童心理行为认知特点。

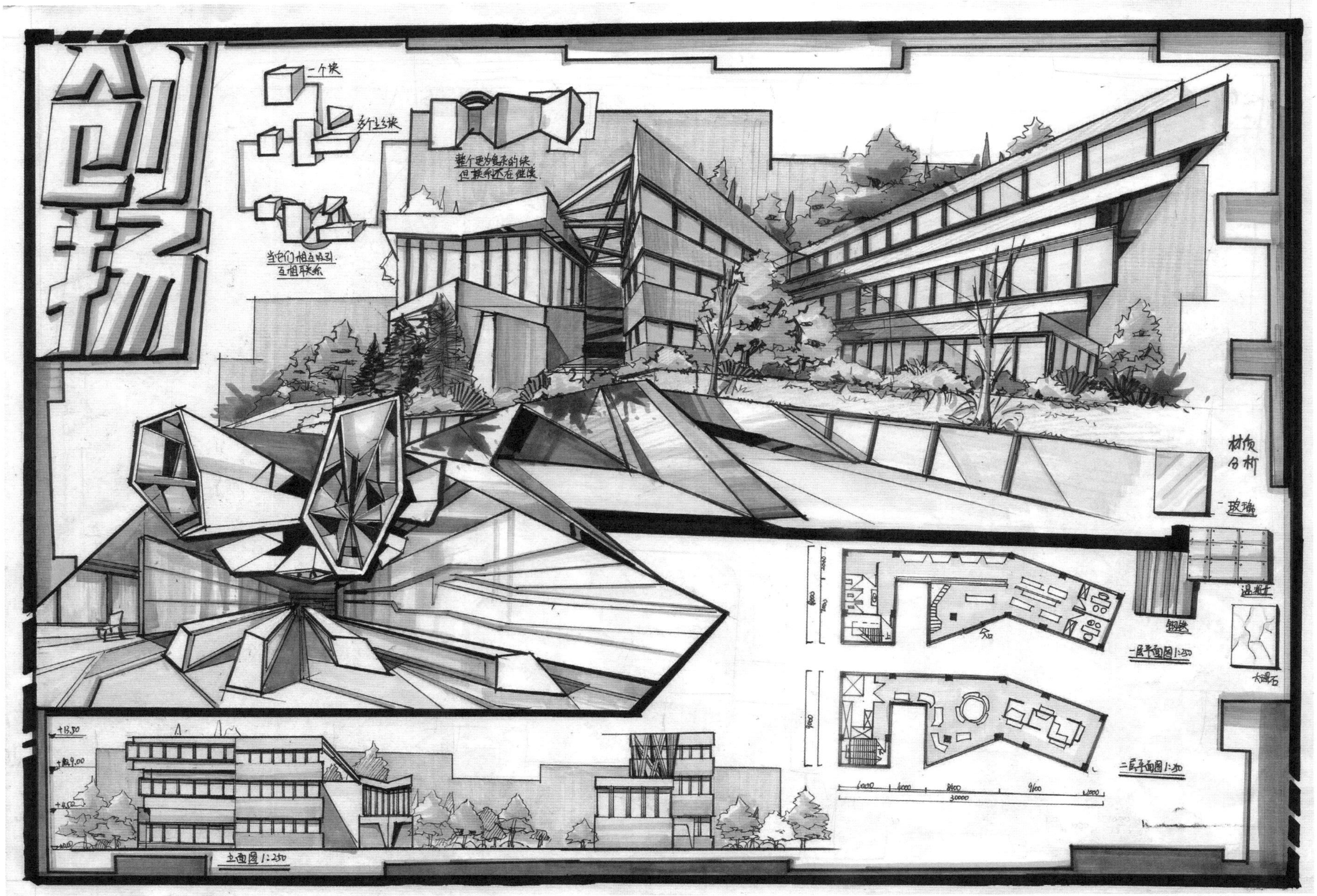
创扬
一个块
多个小块
整个更为复杂的块，
但联系还在继续。
当它们相互吸引
互相联系
材质分析
玻璃
钢铁
混凝土
大理石
一层平面图1:250
二层平面图1:250
立面图1:250

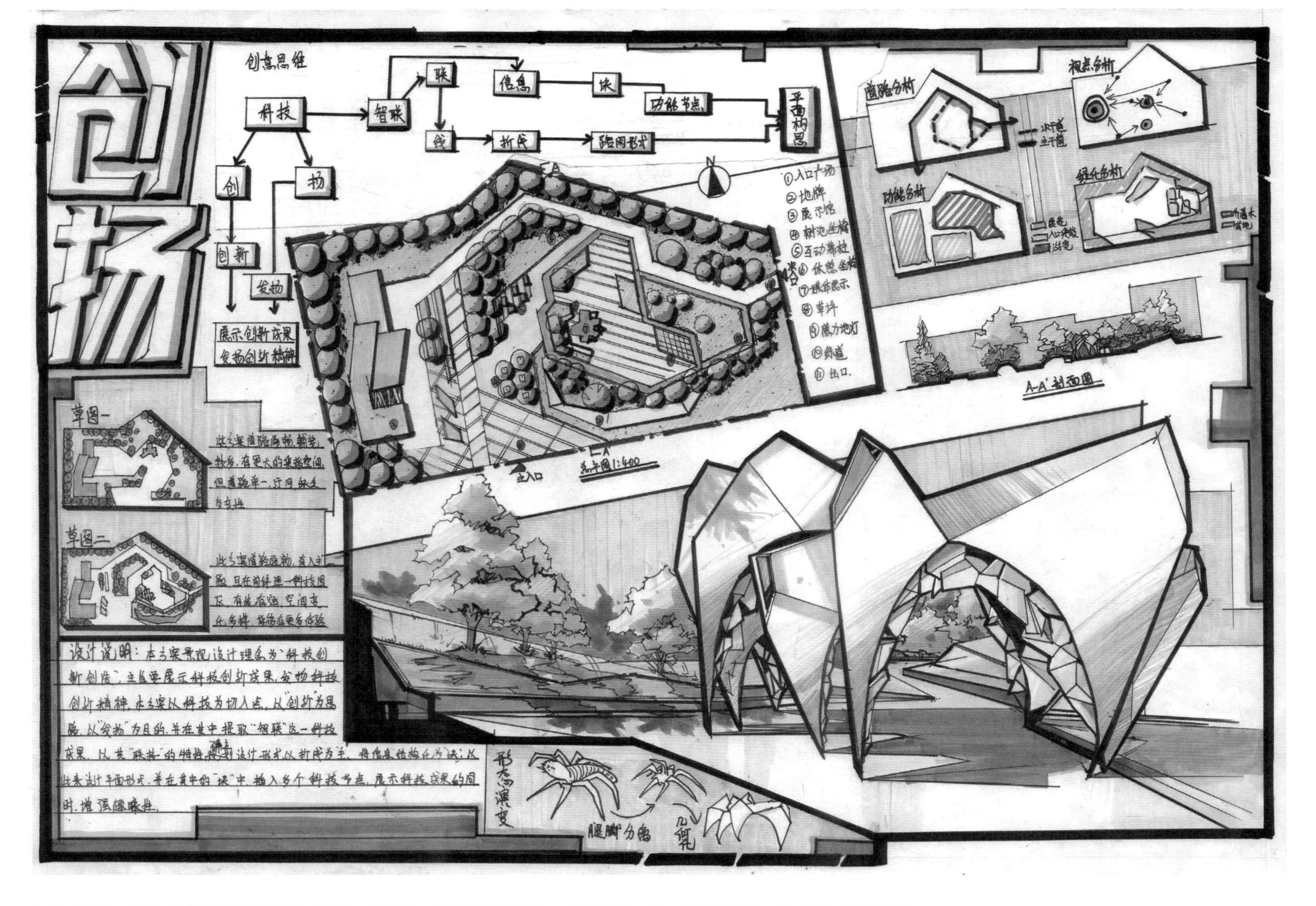

这是报考中国地质大学的同学的日常练习作品，中国地质大学考的内容非常多，往往建筑、景观、室内都有涉及，考查的要点相对全面。

● 此套快题为乡村主题，排版设计上较为特别，效果图采取圆形局部上色的方法，给人眼前一亮的感觉。

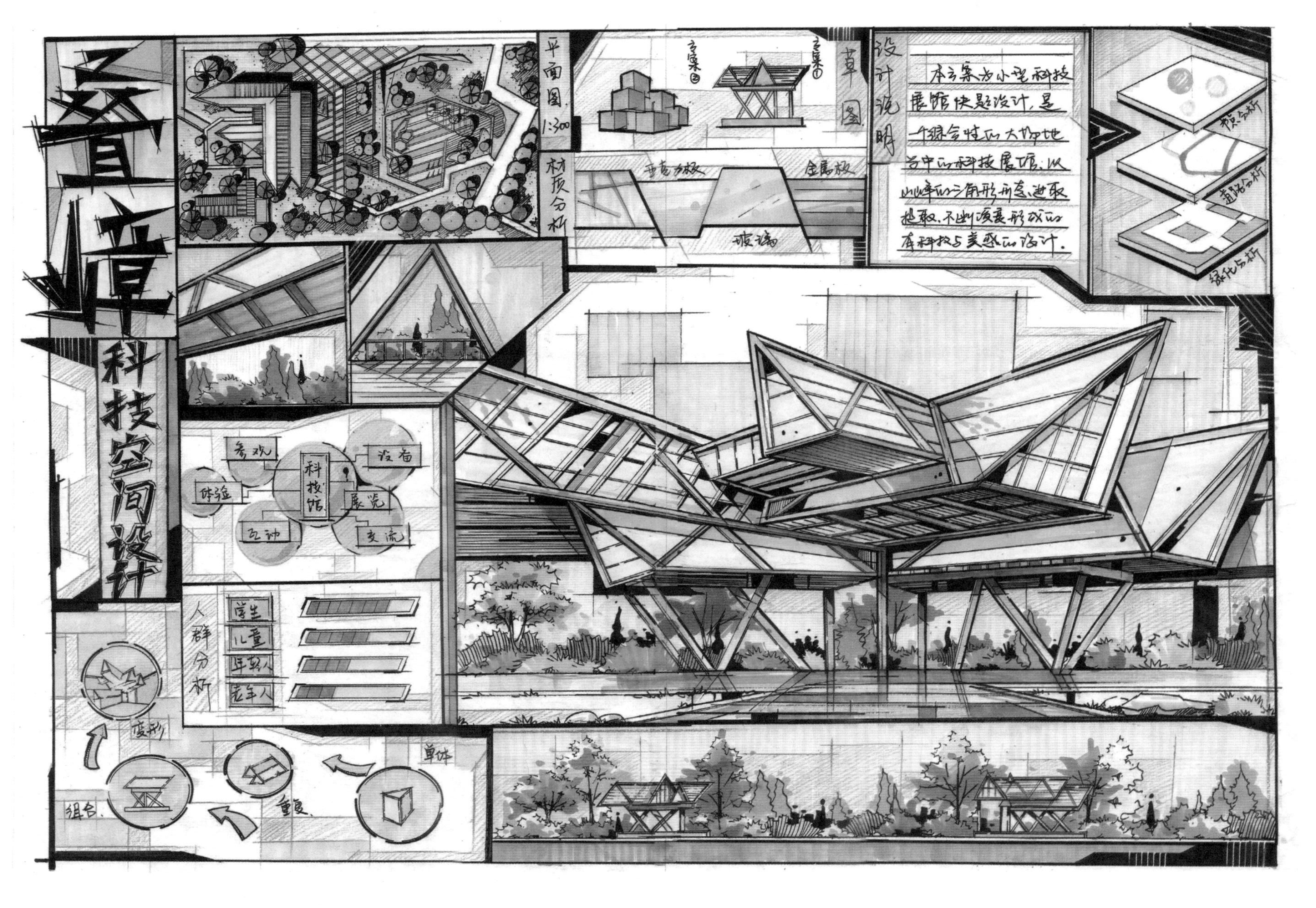

此套快题为科技主题，主体物造型极具未来感，主题突出，配色依然选择了冷暖对比的画法。为了使画面更加丰富，使用了大量彩铅填充背景色。

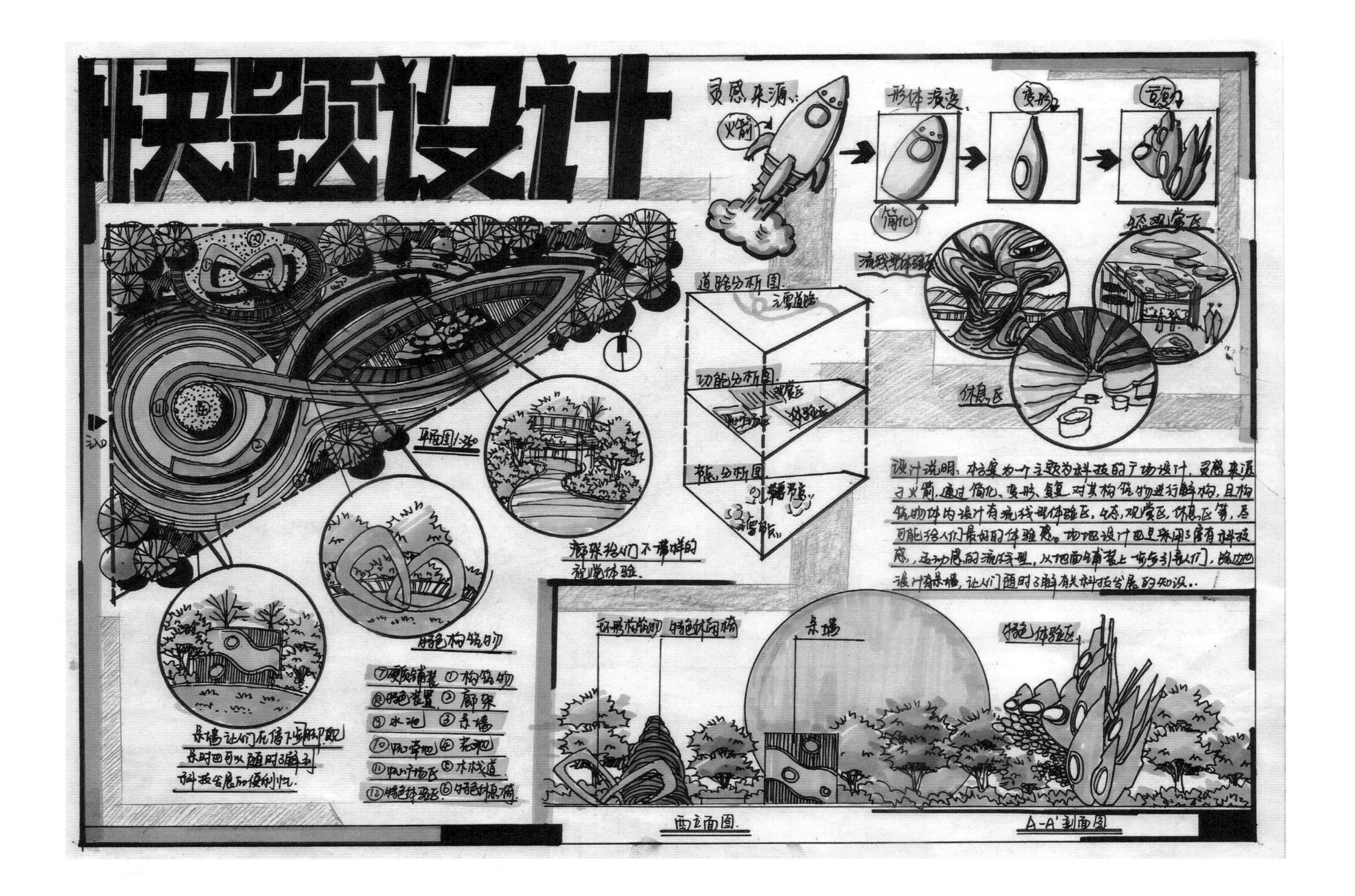

快题设计
灵感来源：
火箭
形体演变
简化
变形
重复
流线型体验区
休息区
道路分析图
功能分析图
节点分析图
平面图
入口
廊架给人们不一样的视觉体验
特色构筑物
⑦硬质铺装 ①构筑物
⑧特色装置 ②廊架
⑨水池 ③泉墙
⑩观赏池 ④花池
⑪中心广场 ⑤木栈道
⑫特色体验区 ⑥特色休息椅
泉墙让人们在停下脚步的同时可以随时了解到科技发展的便利性。
设计说明：本方案为一个主题为科技的广场设计，灵感来源于火箭，通过简化、变形、重复对其构筑物进行解构，且构筑物体内设计有流线型体验区、休憩、观赏区、休息区等，尽可能给人们最好的体验感。场地设计也是采用了富有科技感、运动感的流线型，从地面铺装上一步步引导人们，场地也设计有泉墙，让人们随时了解有关科技发展的知识。
环形构筑物
特色休闲椅
泉墙
特色体验区
西立面图
A-A'剖面图

以上两套快题为报考长沙理工大学的同学的日常练习作品，该校要求效果图单独画在一张纸上，其他图画在另一张纸上，对这些有特殊排版要求的院校，考生在日常练习中要多加注意。

此套快题为乡村主题，因此主体物采用了大量木材，凸显乡村特质，整体配色也选了黄色调凸显主题。

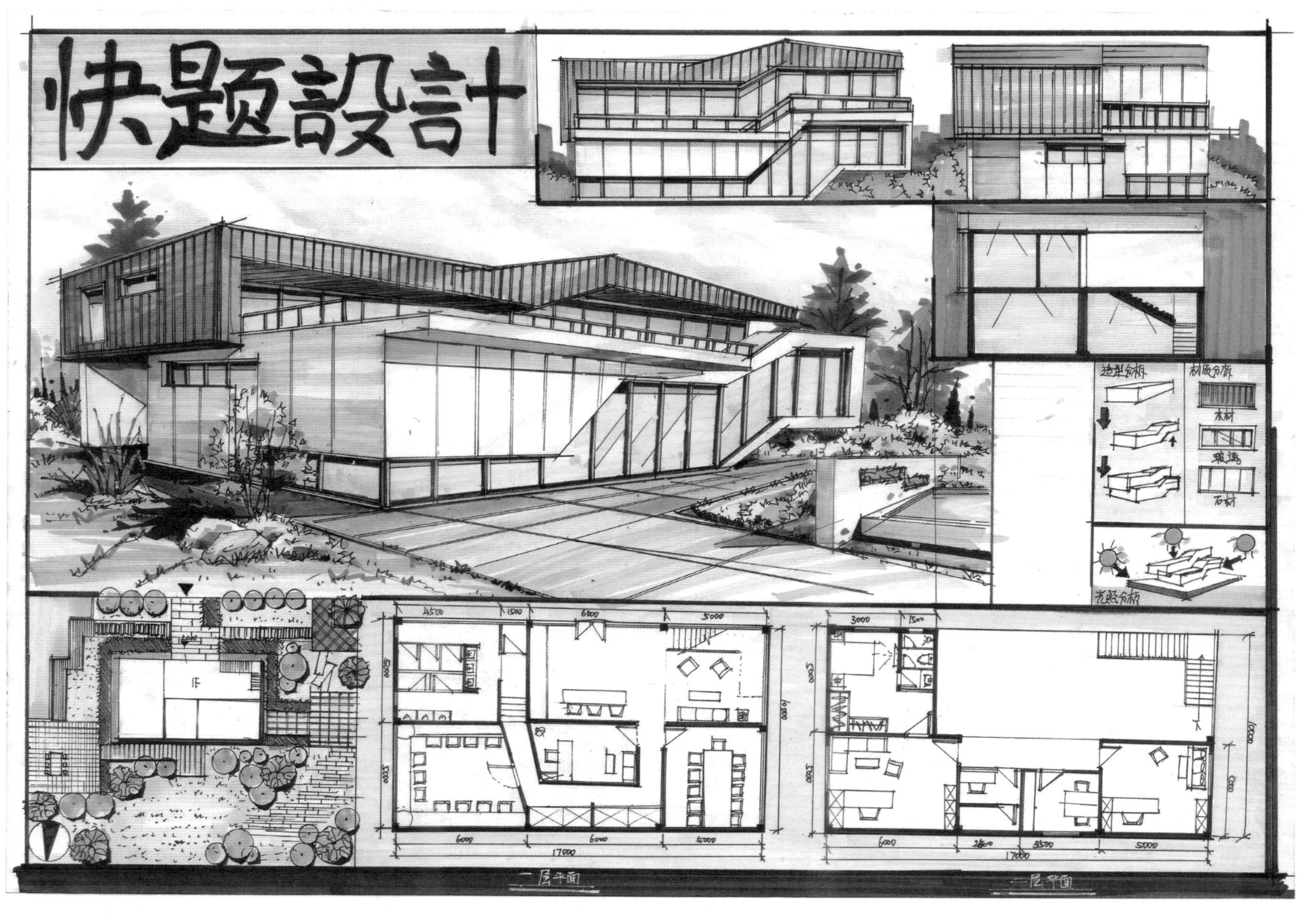

此套快题为报考武汉科技大学的考生的日常练习作品，武汉科技大学多以小体量建筑设计为主，比较注重考查对建筑内部空间的处理与建筑造型的理解。

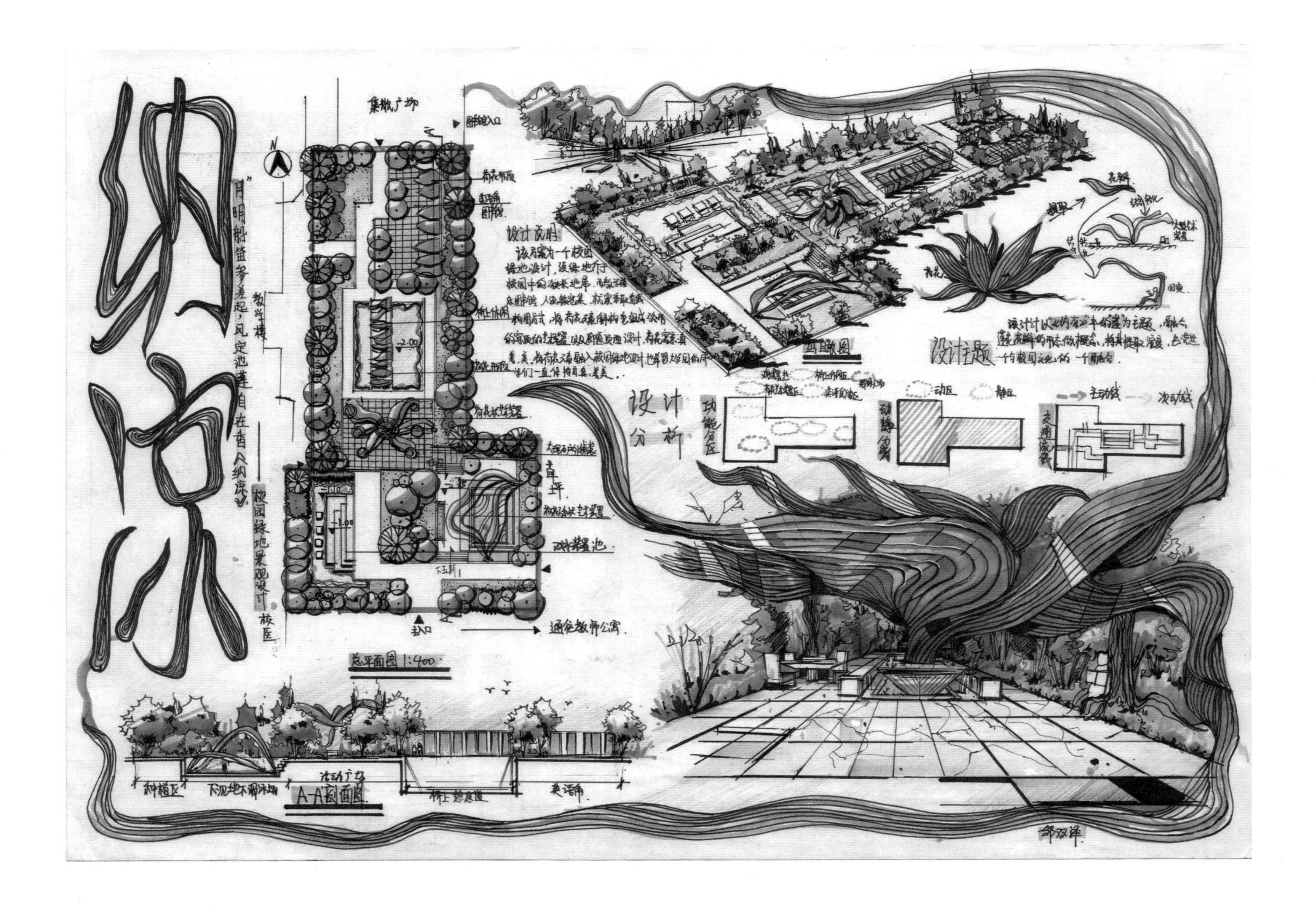

本快题为校园景观设计，排版上根据主体物造型向外延伸拓展，使得画面装饰感和整体感较强。

燕归巢

设计说明：项目位于某城市医院前坪，面积约为3500平方米。基地西侧为居民住宅区，北侧为医院，南侧为城市主干道，东侧为城市次干道。场地以鸟巢为灵感，设立儿童游乐区、老年健身区、休闲交流区、人群集散区。满足周边居民的多功能性活动场地。中心雕塑以燕子为原形，增加场地主题性。

儿童娱乐区　老年健身区　早晚　休闲区　休闲条凳

医院

次入口

居民区

城市次干道

主入口

70000(mm)

50000(mm)

平面图 1:400

城市主干道

平面演变

散步　休闲　游乐　健身

次入口

主入口

自由休闲

概念生成一构筑物

流线分析　节点分析　功能分析　绿地分析

健身区　休闲区　儿童区　集散区

0.80　−0.30　±0.00　0.45　0.25　±0.00

A-剖面图

本套快题表达清晰明了，但效果图主体物造型过于简单。

本套快题用色相对大胆，体现了科技的主题，但平面图交通组织上有些混乱。

本套快题黑白对比强烈，主体物也选用了大红色，视觉效果突出。

本套快题主体物造型较难绘制，但该快题在空间结构和光影表达上非常到位，体现了较强的手绘功底。

本套快题为广场景观设计，大量的硬质铺装体现了广场的绿地属性，铺装造型体现了一定的视线引导性。

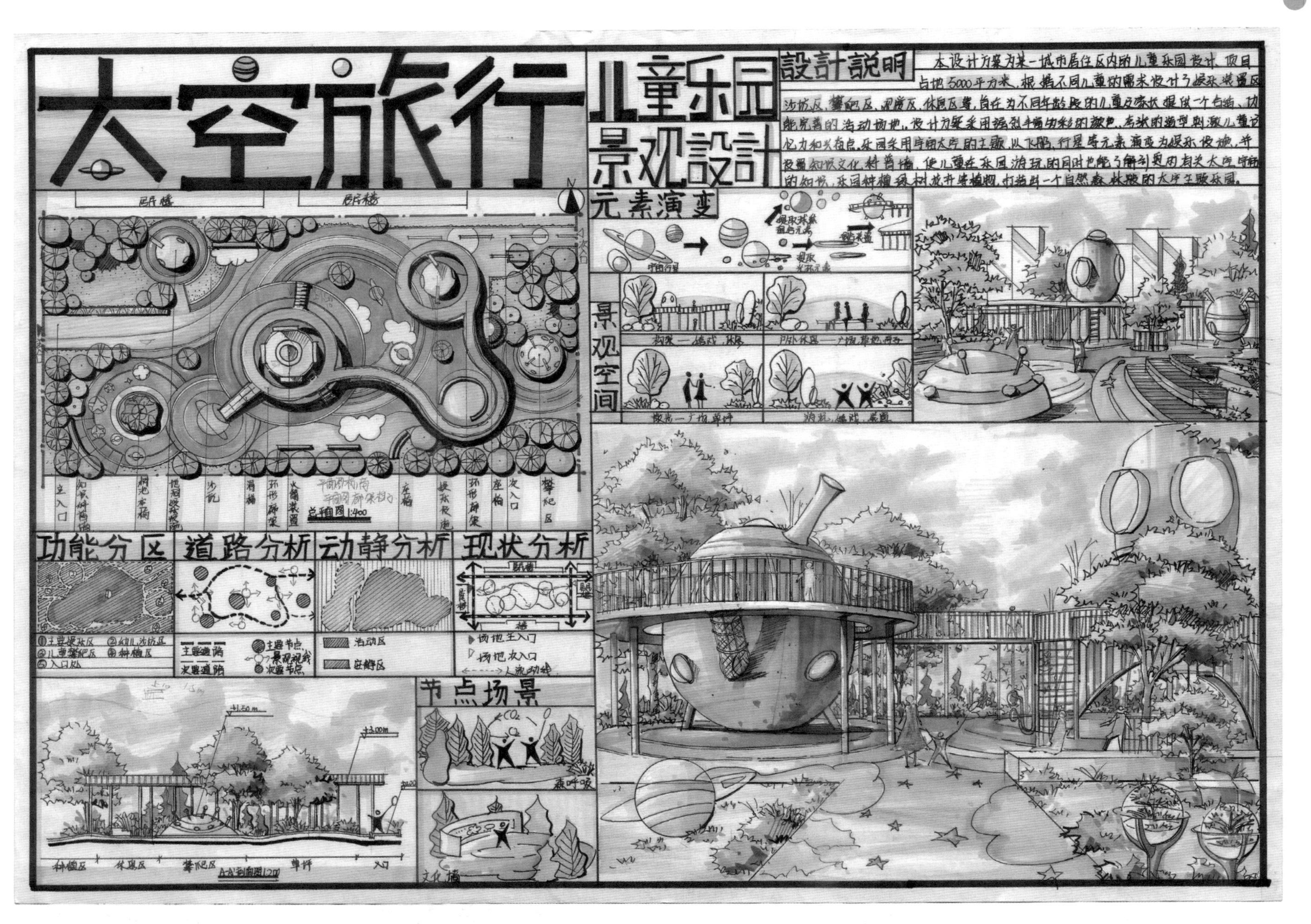

本套快题整体色调偏冷，平面图线稿清晰程度不够，阴影层次表达略有欠缺。

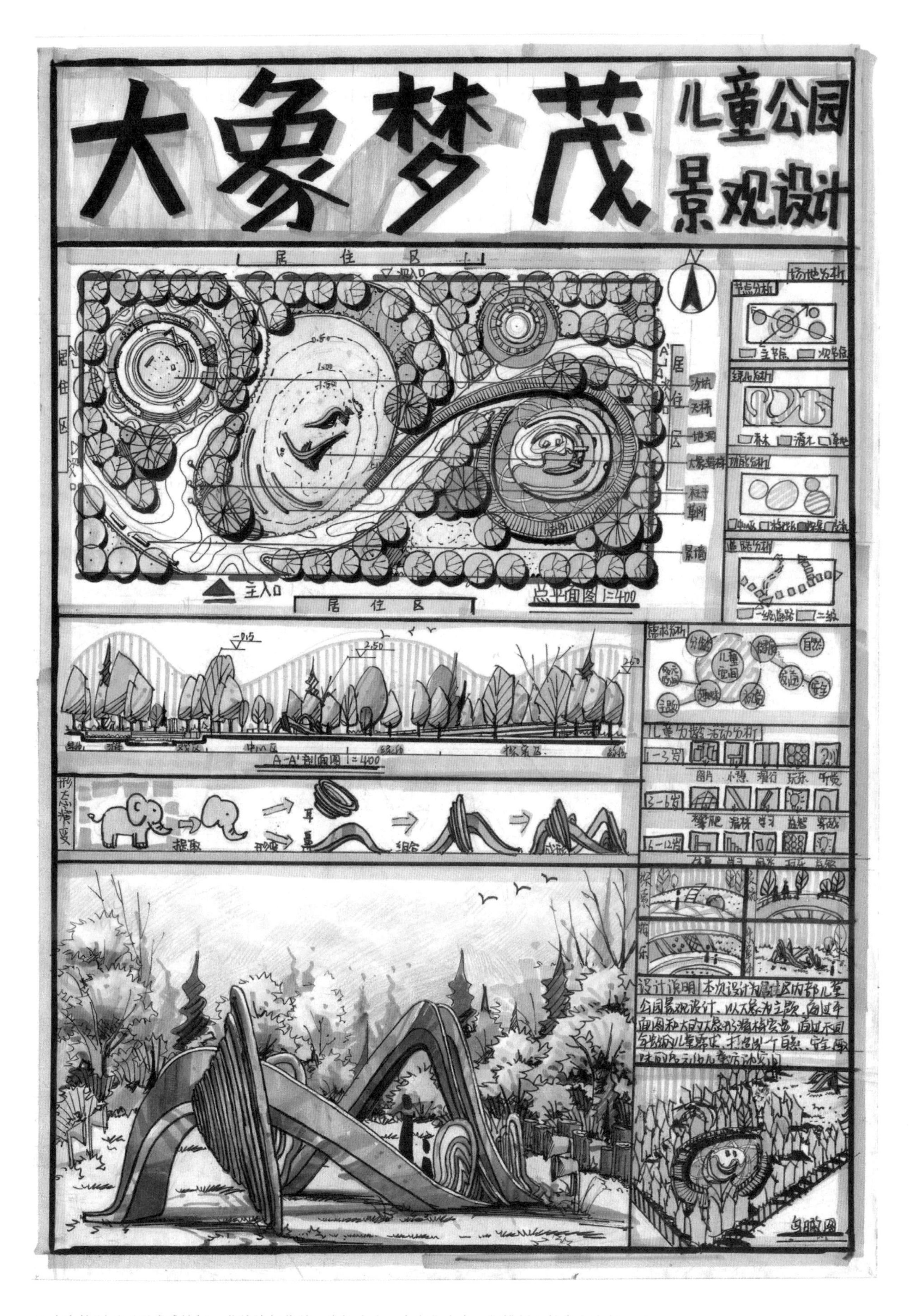

本套快题平面形式感较好，曲线流畅优美，空间大小尺度变化丰富，但排版工整度上略有不足。

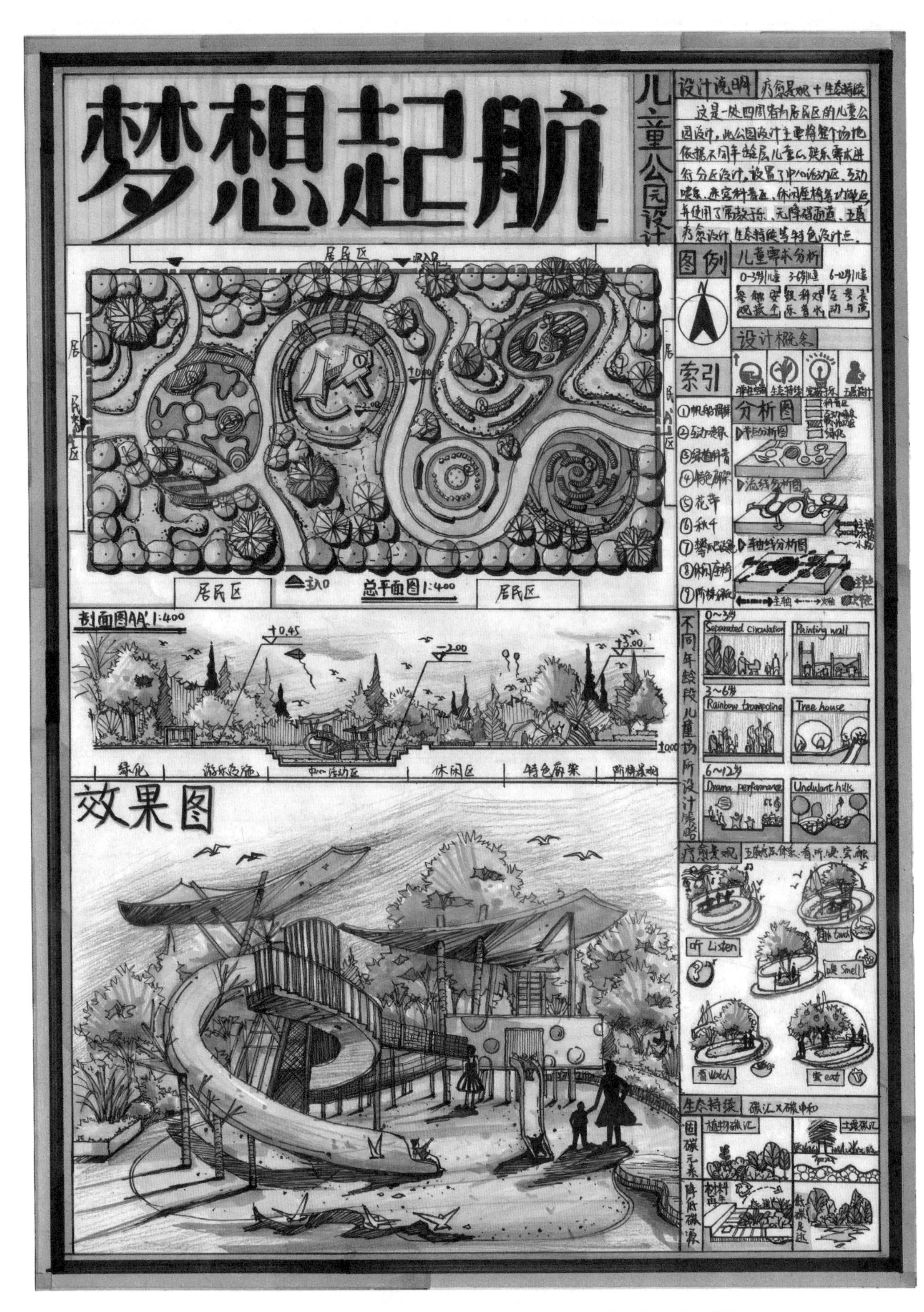

本套快题色彩饱和度非常高，对比强烈，但在平面空间组织上略有欠缺，主次空间大小变化上略有不足。

本套快题平面内容丰富，形体塑造结实、准确，说明该同学有较强的手绘表达能力。

珊瑚海
城市公园设计
设计说明
该场地为城市街头小公园，尺寸为100m×60m，以"海岸线"为灵感，运用海岸线的深浅变化的形式进行场地的铺装。场地中心节点为通行构筑物，下方草地可供周围群众使用，进行休憩，停留等活动。
总平面图 1:500
集散
休憩
观赏
通行
A-A'剖面图 1:300
概念演变
植入功能

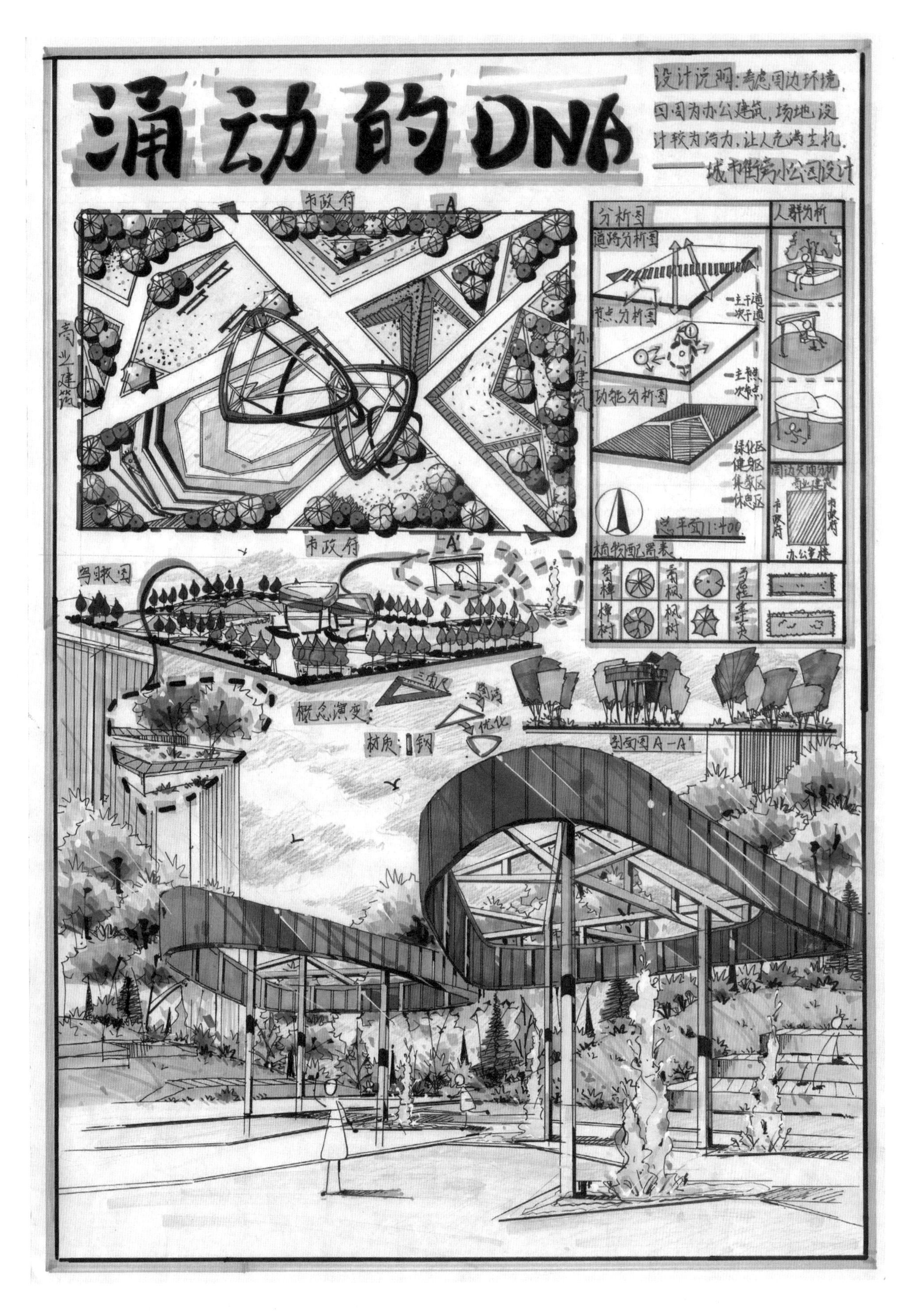

以上两套快题为有场地条件限制的小场地景观快题，此类考题在环艺考研中占很大比重，且比较重视平面图的方案，因此，对平面图方案要多加练习。

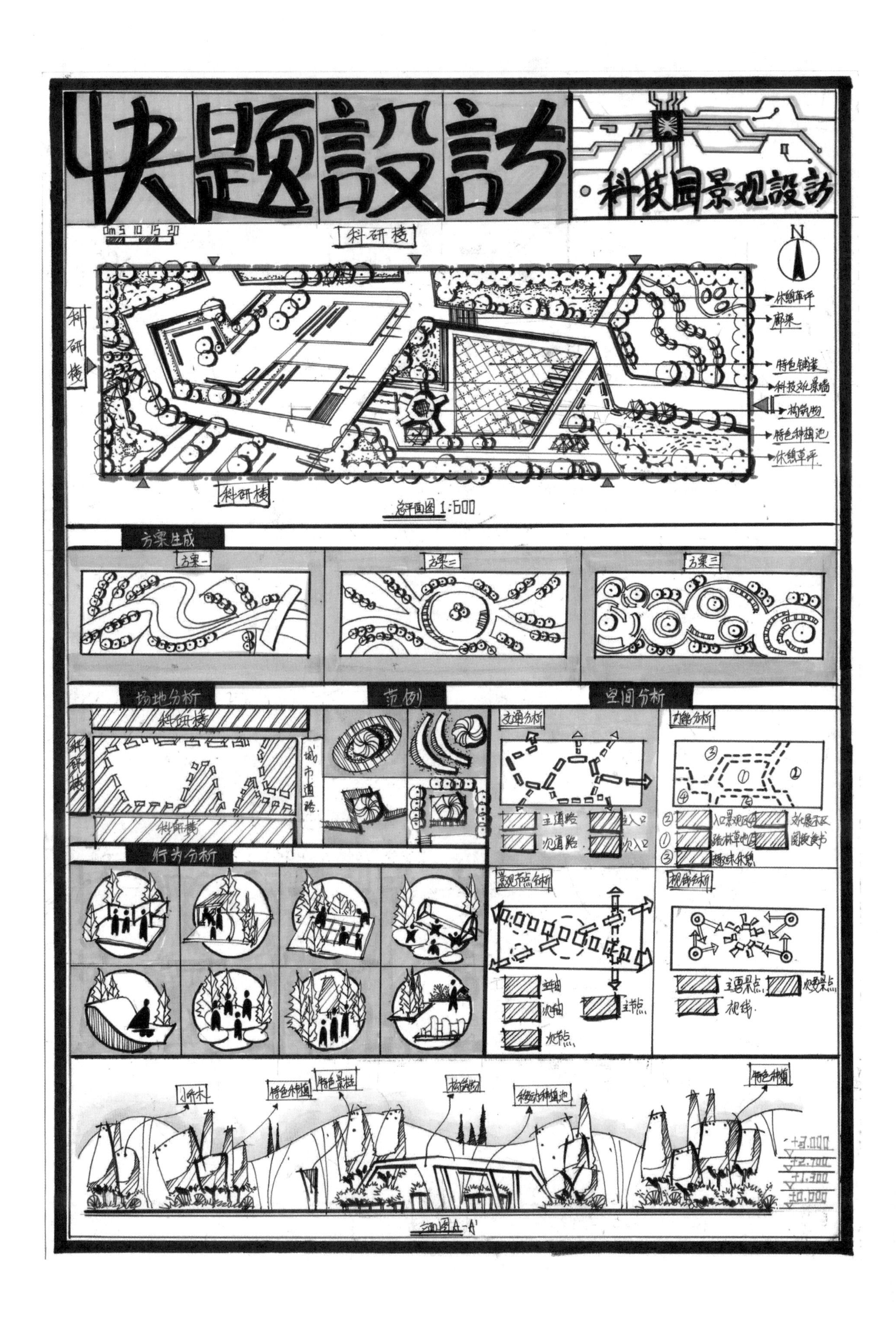
快题設計
科技园景观設計
科研楼
休憩草坪
廊架
特色铺装
科技文化景墙
构筑物
特色种植池
休憩草坪
总平面图 1:600
方案生成
方案一
方案二
方案三
场地分析
范例
空间分析
城市道路
交通分析
功能分析
主道路
次道路
主入口
次入口
行为分析
景观节点分析
视线分析
主轴
次轴
主节点
次节点
视线
小乔木
构筑物
剖面图 A-A'

此套快题为环艺专业小场地景观快题，整个方案线稿完成度较高，在时间紧张的情况下简单上了背景色，效果较好。

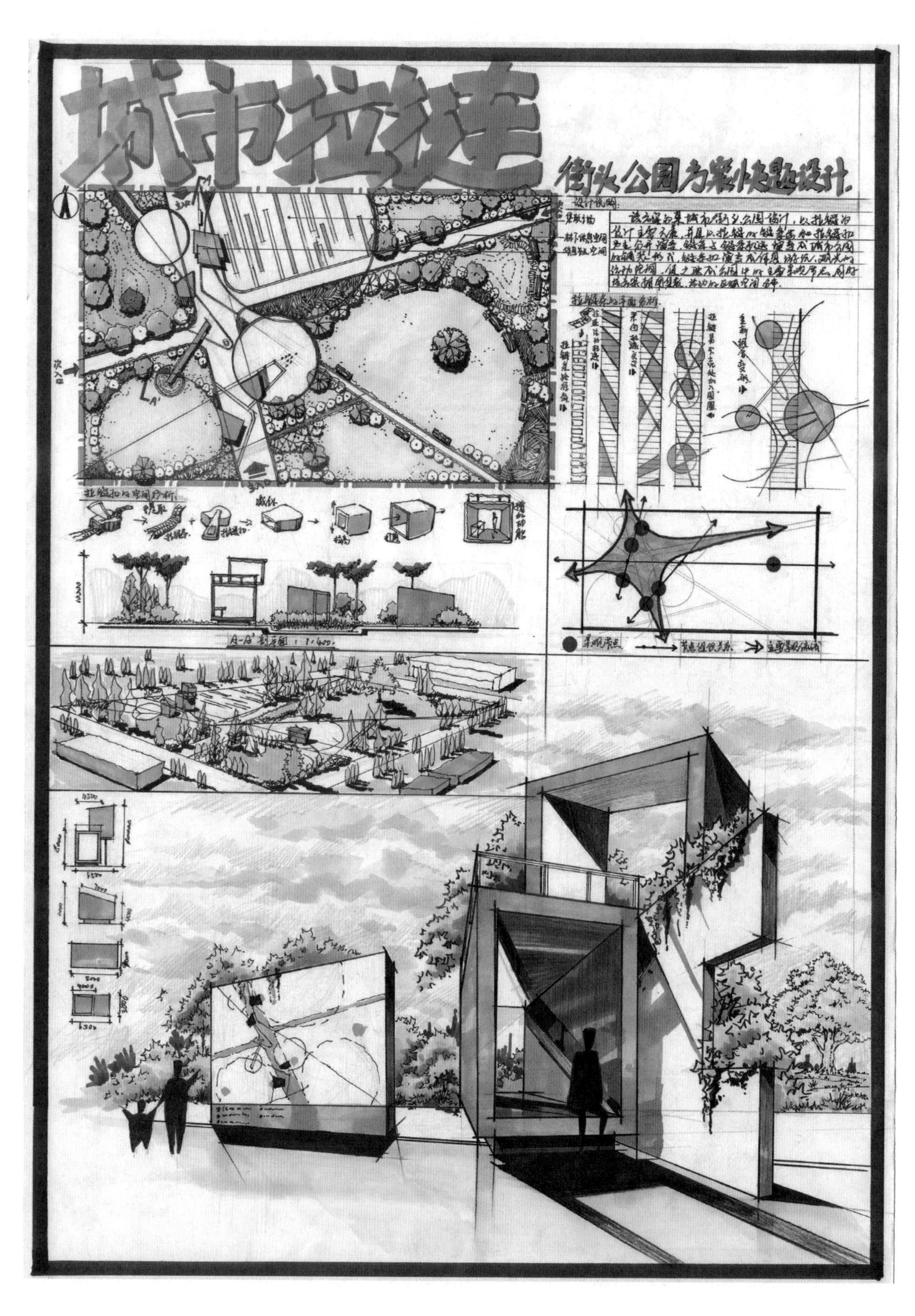

此套快题为城市街头绿地设计，平面形式感强，设计来源清晰合理。

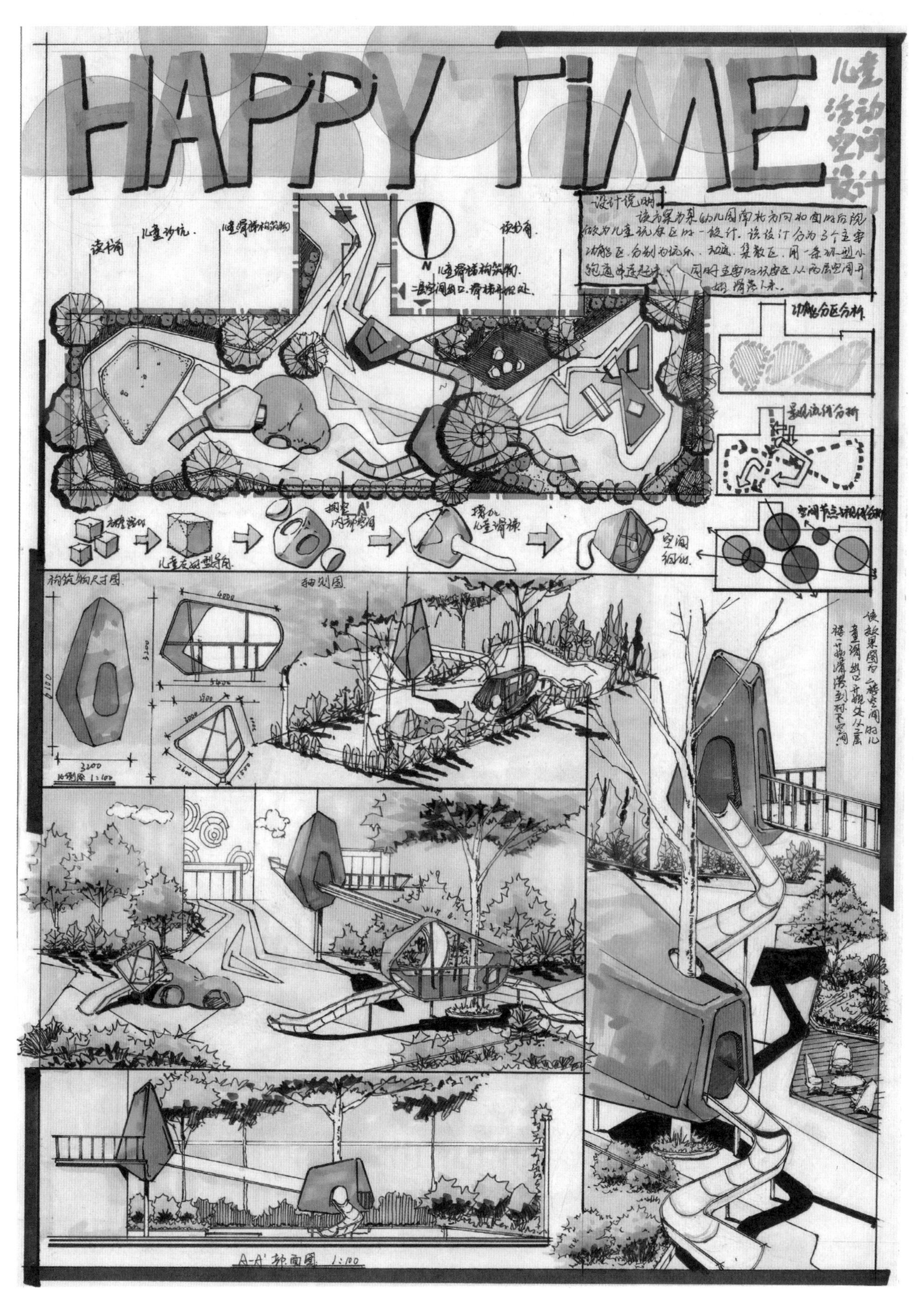

此套快题为儿童活动空间设计，平面形式丰富，变化较多，造型演变过程清晰明了。

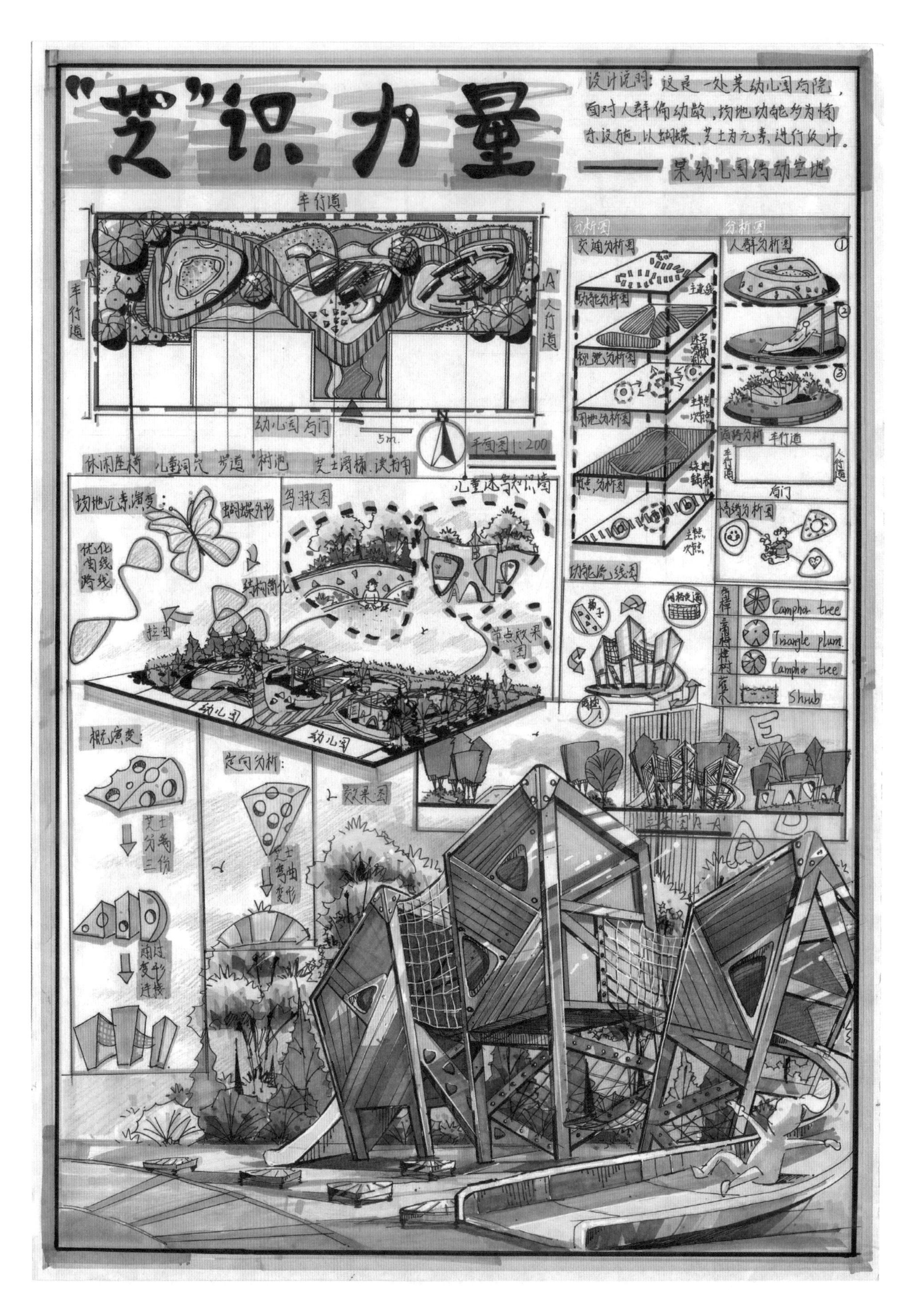

此套快题标题字体有些不够饱满，画面整体黄蓝色对比强烈，主体物鲜明突出。

此套快题表现技法娴熟，画面清晰，内容丰富。

此套快题画面清新淡雅，视觉感受较为柔和舒适，但平面图竖向关系表达不够明确。

此套快题图纸内容丰富，将方块的元素利用得非常好，画面非常饱满。

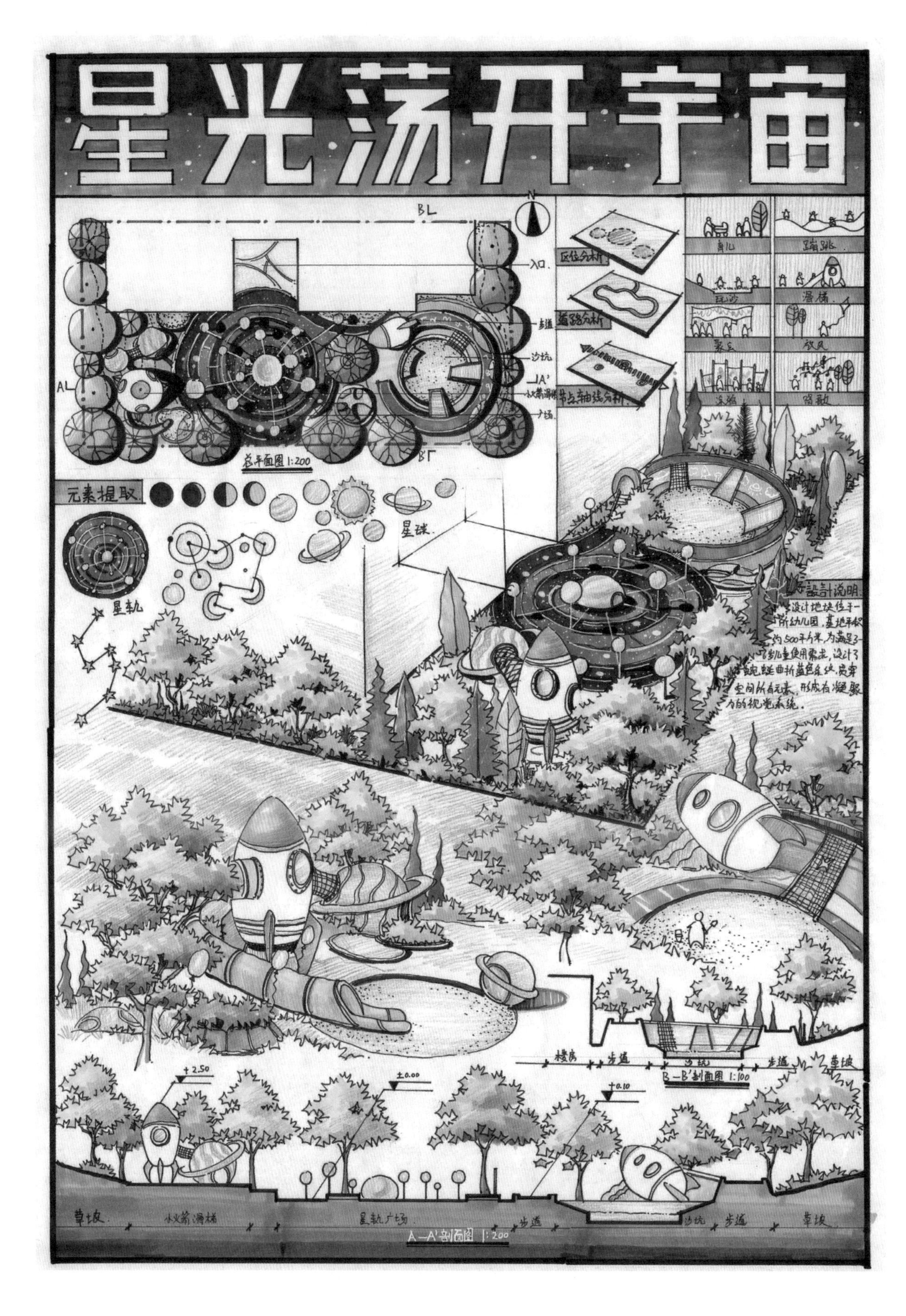

本套快题马克笔颜色用得相对厚重，但并未影响图纸的清晰程度，由此可见此同学手绘功底比较扎实。

本套快题图纸内容丰富，剖面图画得较好，但平面图空间结构和铺装变化上略有欠缺。

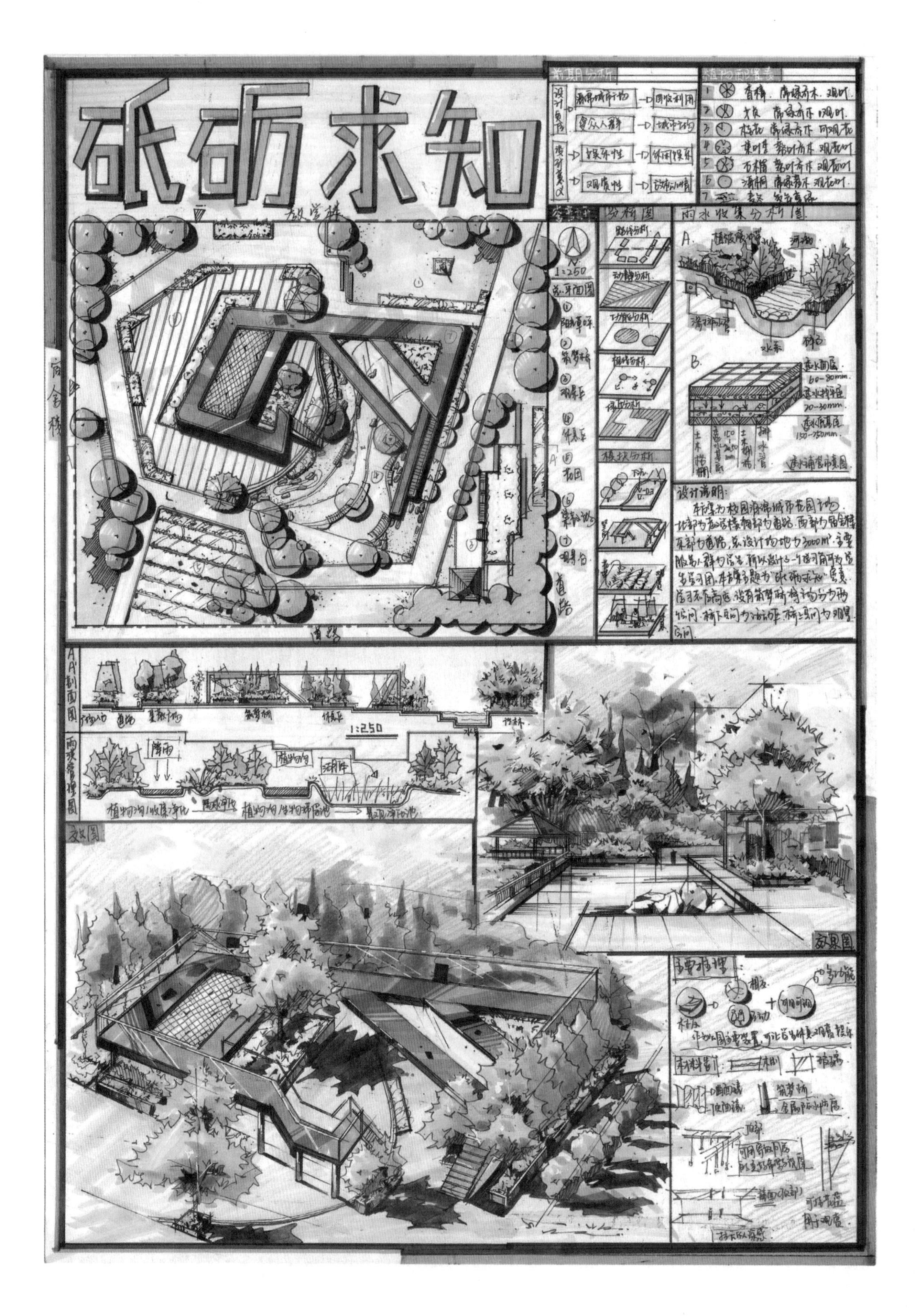

本套快题画面比较统一，但平面图形式感略有欠缺。

本套快题色彩统一，鸟瞰图绘制比较准确，剖面图、立面图表达层次丰富，但平面形式感稍有不足。

此套快题画面整体运用了大量的灰色，相对比较沉稳，马克笔表达技法比较准确，虽然画面用了大量灰色也并未显得过于脏乱。

本套快题简洁明了，但植物颜色过于翠绿，视觉感受上有些不协调。

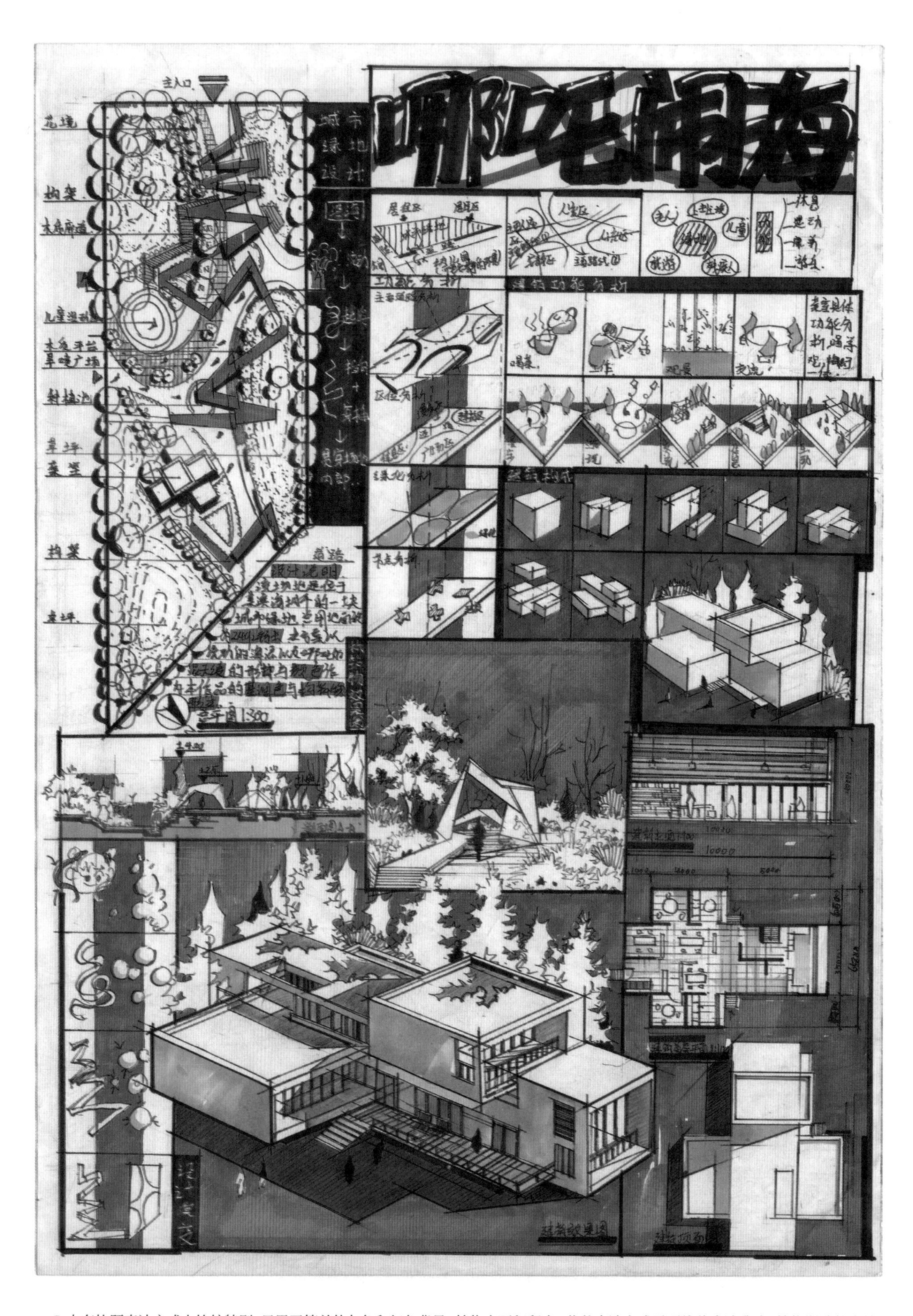

本套快题表达方式上比较特别，只用了简单的灰色和红色背景，植物大面积留白，此种表达方式需要线稿表达准确，植物塑造能力较强。

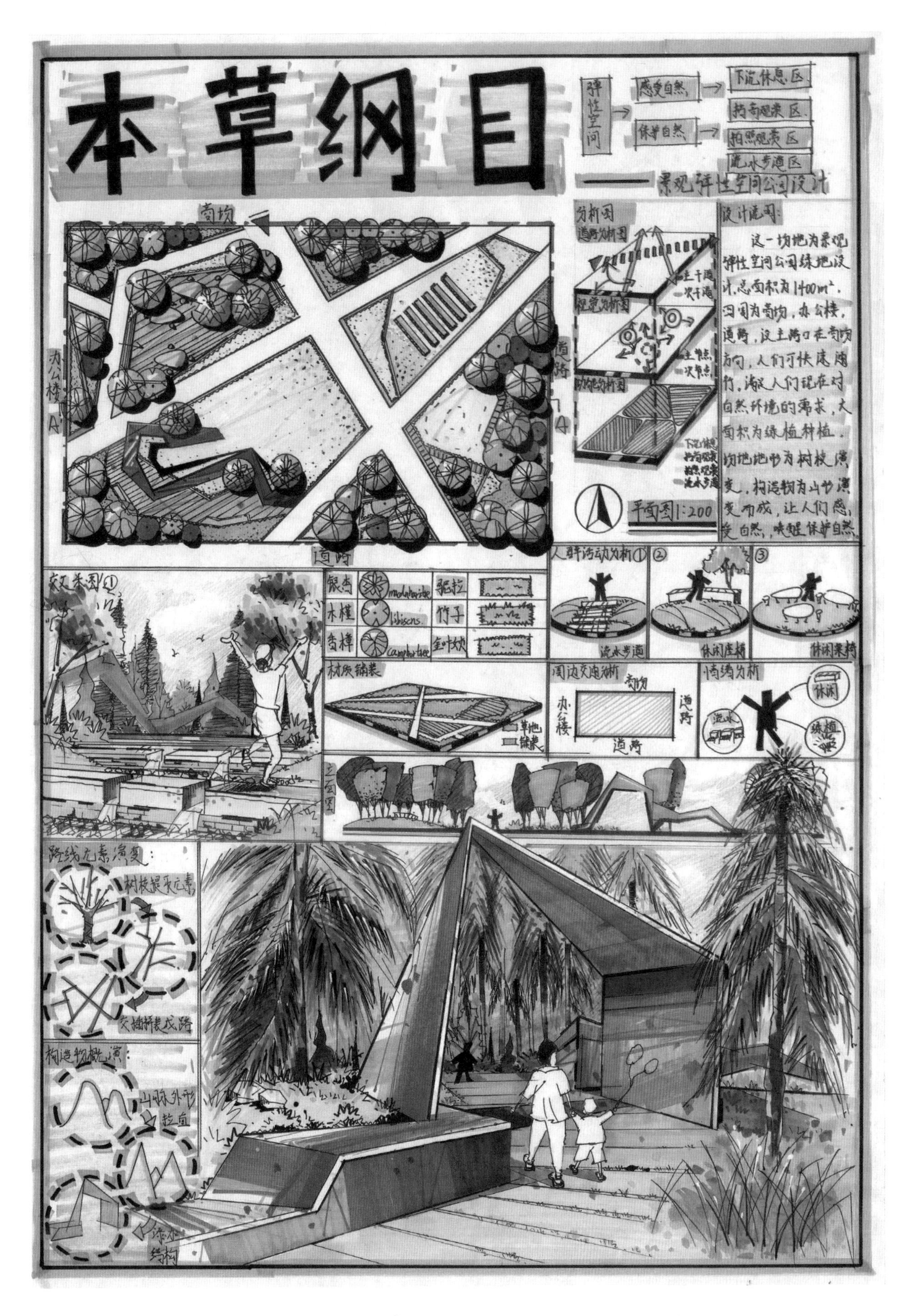

此套快题相对常规，平面方案与效果图主体物造型中规中矩。

本套快题采用了夜景的表达方式，冷暖色对比强烈。

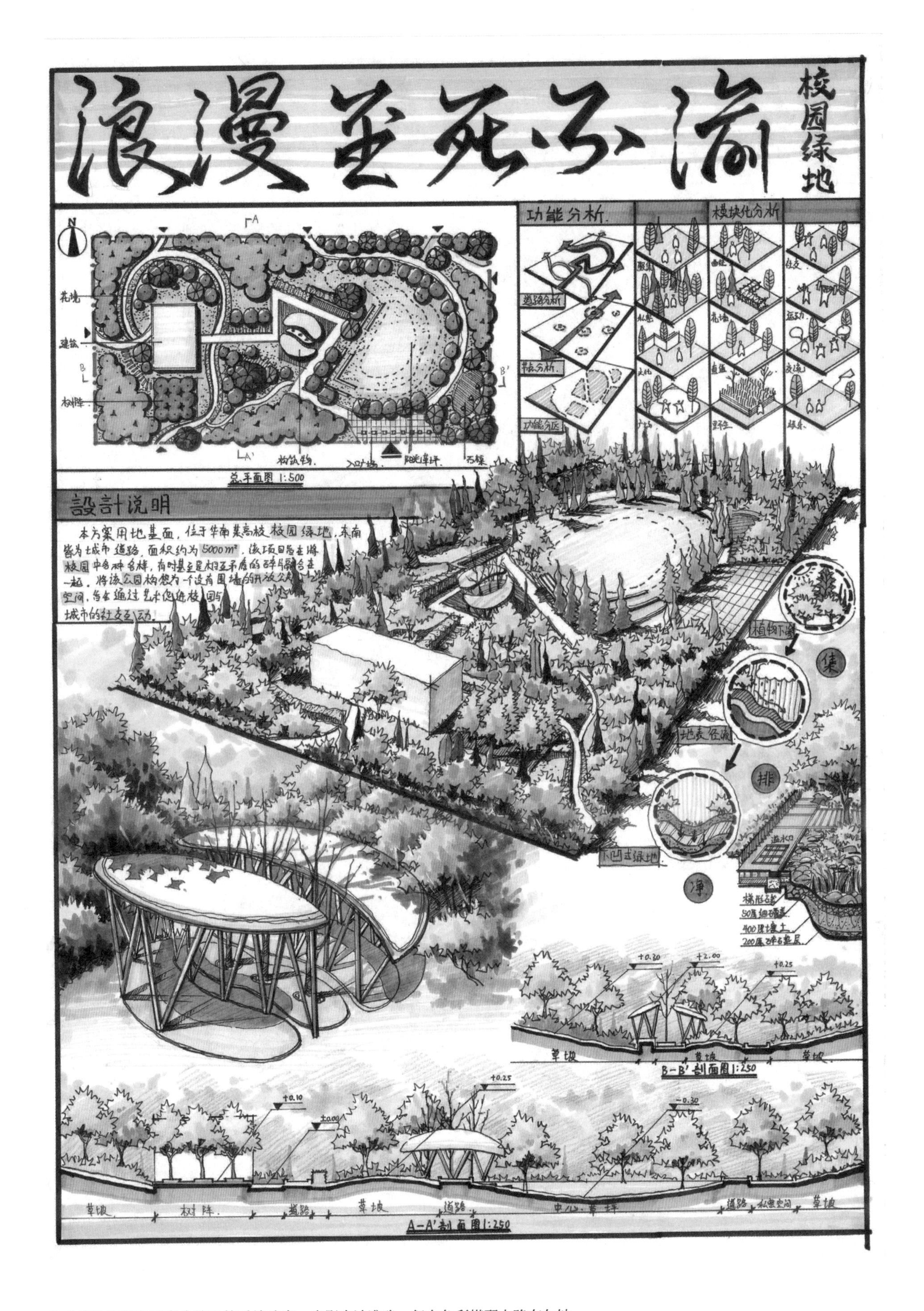

本套快题体现了考生较强的手绘功底，光影表达准确，但在色彩搭配上略有欠缺。

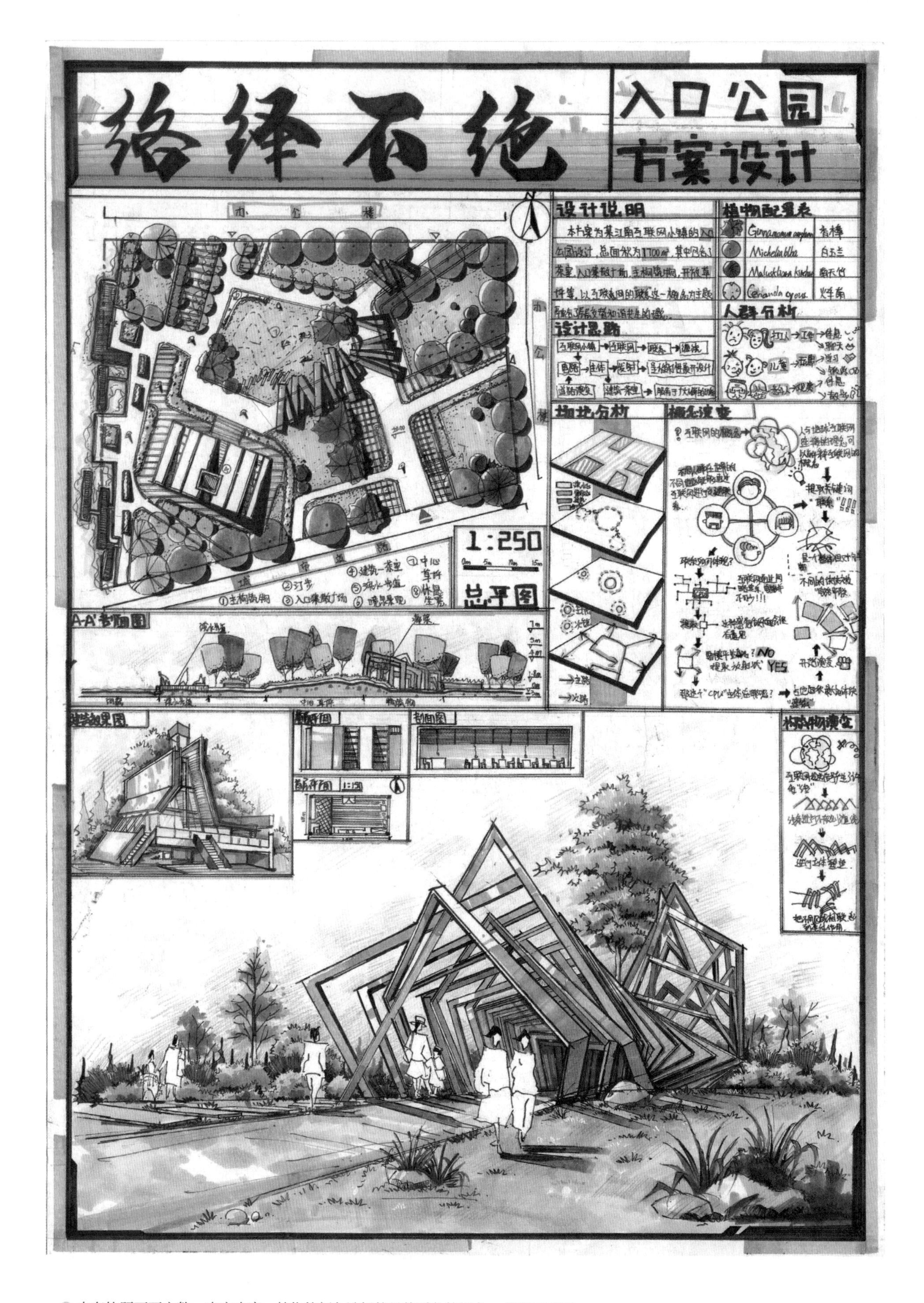

本套快题画面完整，内容丰富，植物的颜色选择的是偏暖色的绿色，使得画面统一。

本套快题版面清晰明了，但平面图形式感略有不足，丰富程度不够，在效果图表达方面，马克笔笔触过于零碎。

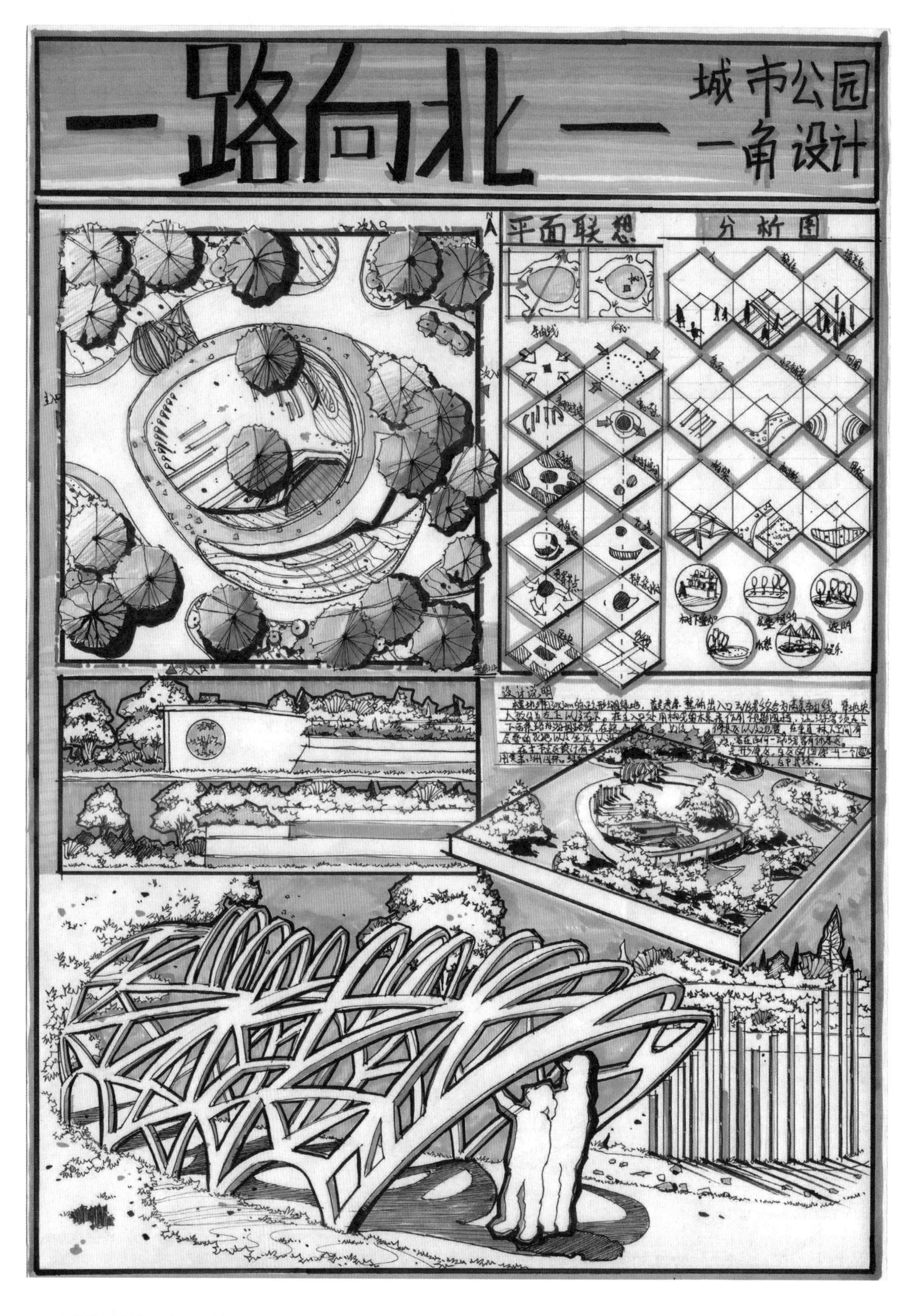

本套快题表达上采取了单色调的形式，重点突出明暗和光影效果。

8

考研经验分享

8.1 中南大学环艺考研经验分享

考研的备战时光仿佛还在眼前，我在考研的过程中走了不少弯路，浪费了很多宝贵的时间，所以希望这些分享能够让大家得到一些启发，在择校和学习的过程中少走一些弯路，少浪费一些时间，少一些纠结。

考试内容

基础课考查内容包括英语一（学硕）、英语二（专硕）和政治。

环艺专业的专业课考试内容分为设计史及评论（理论）和设计基础（快题）两部分。设计史及评论的题目类型包括名词解释（每题 10 分，共 3 题）、简答题（每题 30 分，共 2 题）、论述题（每题 60 分，共 1 题），没有选择题、判断题、填空题，而且主观题所占的分数很高。参考书目包括王受之的《世界现代设计史》（最重要的），田自秉的《中国工艺美术史》（第二重要），尹定邦、邵宏的《设计学概论》（一般不直接考查，但是内容可以用在答题过程中）。

设计基础部分，中南大学环艺考研的手绘考查内容包括平立剖面图绘制、效果图绘制、分析图绘制、文字说明、排版，各个方面都是得分的关键，特别提醒大家要根据题目要求的作图内容绘制，不要漏画、错画（如画成两个立面图或者两个剖面图）。

报录情况

环艺学硕与视觉传达、产品设计等专业是同在设计学下录取的，这几个专业的成绩都会影响最终分数线的拟定。而且，每年各个专业录取的考生数量都会有所不同。2021 年，在拟录取的 4 名设计学学硕的考生中，有 3 名产品设计专业的考生，只有 1 名环艺专业的考生，而去年的数据则是 2 名环艺考生、1 名产品设计考生、1 名视觉传达考生。这个数据主要与考生的初试成绩有关（也就是说可能出现某一专业录取人数很多，而另一专业没有人被录取的极端情况）。在复试的选拔阶段，各专业的考生则会分开竞争，也就是在同一专业的考生间比较总成绩。2022 年，由于题目偏难，快题存在压分现象，只有 4 名考生上线，而计划也是录取 4 人，所以几乎是等额复试。往年则稍有不同，存在淘汰的现象。

在分数线方面，初次接触考研的同学可能不了解，这里帮助大家区分以下几种分数线。首先，是“国家线”，“国家线”将考生所报考或调剂的院校根据地区划分为 A 区和 B 区，中南大学属于 A 区。上了“国家线”不代表考取成功，更不代表考取了中南大学，还要看“自划线”。“自划线”是 34 所 985 院校独有的分数线，一般先于“国家线”公布，且分数会略高于“国家线”。2022 年，由于情况特殊，“自划线”在“国家线”公布之后才陆续公布。“自划线”上线，代表你在中南大学获得了“校内调剂”资格，但是不代表你进入了复试。最终决定你能否进入复试的是“院线”，“院线”可能与“自划线”持平，也可能高于“自划线”，具体需要根据复试名额划定。

这里以 2021 年与 2020 年的报录情况为例: 2021 年设计学学硕录取最低分为 361 分，最高分为 379 分。进入复试 4 人，拟录取 4 人，约 40 人报名，环艺方向录取 1 人。2020 年设计学学硕录取最低分为 382 分，最高分为 398 分。进入复试 6 人，录取 4 人，共 35 人报名，环艺方向录取 2 人。

我个人认为竞争压力不大，但是题目还是有一定难度的。只要努力，就有机会被录取。

理论复习

理论分占总分的很大一部分，可以说，其重要性和快题几乎相同，所以一定要重视。虽然它可能不会让你与其他考生拉开很大的差距，但是如果不认真对待，考试的时候就可能出现对一些概念无从下笔的现象。

对于理论的背诵，我采取了一种有点笨的办法：先通读整本教材，知道大概内容（因为我是跨专业考生，对于这些课程的了解程度为0，所以先通读一遍，大概知道书本讲了什么），理解是非常重要的，如果没有经过思考，背诵的知识是无法灵活运用的；然后摘抄重点内容（既可以练字，又可以起到辅助记忆的作用）；再精读一遍，之后开始背诵，重点依次过关；最后默写及做真题的模拟训练（找一些模拟题当成考试来做，看自己的答题效果）。当然，最好买一些教辅资料，因为教辅资料上的表达比较简单，适用于背记、默写。在背诵的时候不需要每一个字都与书本上一模一样，大意一致即可。

在答题的时候，条理清晰很重要。譬如，对一场设计运动的名词解释，就需要依照类似记叙文六要素的框架和时间、地点、代表人物、起因、特征、影响、代表作品进行回答，不能想到什么写什么。同时，偏主观问题的回答亦是如此，最好能先列出提纲再回答，不要想到哪里写到哪里。

在时间安排上，先完成《世界现代设计史》，再完成《中国工艺美术史》，最后完成《设计学概论》。理论课复习越早开始越好。在时间分配上，《世界现代设计史》需要的复习时间最多。

快题手绘复习

我在决定考研之前几乎没有经过任何与美术相关的培训，自认为也没有天赋，就是依靠自己的兴趣在学习，经过一定量的模仿、练习来打好快题的基础。

中南大学环艺快题的答题方式大体上可以分为两种，一种是以室内为主体的室内设计，另一种是以小构筑物为主体的设计。这两种方式大家可以根据自己的能力与本科期间的学习内容来选择。

快题的学习少不了抄绘这一过程，我当时是从抄绘老师的作品开始的，抄绘的内容不仅包括效果图，也包括其他各种图样。抄绘水平达到一定程度后就可以对照片进行改绘，最后开始对整体方案进行绘制。在学习手绘的过程中，需要花很长的时间收集资料，参考国内外好的设计是非常重要的。在快题考试过程中，最容易出问题的地方就是时间，很多考生平常太注重细节，到了考试的时候绘制速度提不上来，导致无法完成整套方案的绘制。他们的实力或许已经很强大，却不能在 3 小时内完整地表现出来，所以在手绘班结束后，也要抽出时间进行速度的训练。在临近考试的一个月里，一定要准备一些成套的作品多次进行限时训练，让自己尽量在 3 小时内画完，千万不要在上过手绘班之后就把手绘抛在脑后。另外，不能太依赖老师，自己要勤加实践，毕竟只有自己亲手画，记忆才能更深刻。

中南大学的快题题目大多是概念性的（如“拷贝”“眠”），很少有特别具体的题目，当然也不排除这种题型，最好做足两手准备。在时间安排上，暑假进行快题班的学习，开学后进行每周一次的手绘训练，考前最后一个月准备方案，并且进行限时训练。

作品集准备

我个人的作品集内容包括在本科期间完成的一些手绘小作品，以及后来完成的一些室内设计的建模、效果图。因为我是跨专业的学生，所以很多作品内容与环艺专业的关系不是特别大。在“国家线”出来后，我就开始进行软件的学习以及一些室内方案的准备了。因为本科期间接触过一些 SketchUp 软件的学习，所以我是用 SketchUp 软件建模，再用 Enscape 软件渲染。用 3ds Max 等软件也是可以的，没有特殊的要求。作品集的方案最好能有主题，但作品集不能起到决定性的作用。

8.2 合肥工业大学环艺考研经验分享

合肥工业大学环艺专业概况

合肥工业大学的环艺专业属于艺术设计下的一个方向，其他方向有视觉传达和公共艺术。环艺专业招收设计学（学硕）和艺术设计（专硕）研究生。学硕 5 个专业共招收全日制研究生 13 人，专硕 4 个专业共招收全日制研究生 25 人、非全日制研究生 11 人。

考试内容

基础课考查内容包括英语二（专硕）和政治。环艺专业的专业课考试内容为艺术设计理论，题目类型包括名词解释（每题 10 分，共 4 题）、简答题（每题 15 分，共 4 题）、论述题（每题 25 分，共 2 题），没有选择题、判断题、填空题，主观题所占的分数很高。参考书目有王受之的《世界现代设计史》，尹定邦、邵宏的《设计学概论》，王一川的《艺术学原理》。

报录情况

这里以合肥工业大学 2021 年与 2020 年的录取情况为例。

2021 年设计学学硕录取最低分数为 351 分，进入复试 4 人，拟录取 8 人；艺术设计全日制专硕最低分数为 351 分，进入复试 23 人，拟录取 22 人。2020 年设计学学硕录取最低分数为 351 分，进入复试 23 人，拟录取 12 人；艺术设计专硕最低分数为 351 分，进入复试 38 人，拟录取 19 人。

理论复习

理论是比较重要的一部分，背诵要熟练，这样在考试的时候才会有话可说，不会造成无从下笔的状况。

对于理论的背诵，首先，通读整本教材，知道大概内容。其次，开始根据章节整理自己的框架，只有自己整理框架才能更加深刻地记忆，理解是非常重要的。最后，摘抄重点内容，边抄边背，每个章节的知识点一一过关。每晚睡觉前，可以在大脑中进行知识点回顾，第二天会记得尤为清楚。教辅书的帮助也很重要。

合肥工业大学出题以《世界现代设计史》和《艺术学原理》为主，所以这两本书都需要熟练背诵。此外，《设计学概论》的内容也要熟练记忆。《世界现代设计史》的内容相对来说是比较易懂、易背的，有非常明显的时间线，每个章节很容易列出重点人物以及事件。《设计学概论》的内容有几章是与《世界现代设计史》重叠的，所以要背的内容不是非常多，但是语言较为晦涩难懂，在背诵过程中需要理解，可转化成自己的语言。另外，大家不要执着于背诵，我从来没有完完整整地背诵过哪段文章，而是把每段的关键词画出来，记住关键词，然后反复看。一开始以一周为单位翻看完一本书，后期 4 天翻看完一本书，把它们当成小说一样反复阅读，每本书阅读 30—50 遍。当然，每个人的学习方法不同，我的方法仅供参考。

在时间安排上，先完成《世界现代设计史》，再完成《艺术学原理》，最后完成《设计学概论》。

快题手绘复习

合肥工业大学的快题考试是 A1 纸、6 小时的室内设计，相对于其他院校的 A3 纸、4 小时，还是比较困难的。所以，在手绘班结束后，也要多次进行限时的训练，一定要在规定时间内画完。我对 6 个小时的分配是，3 小时画线稿，2 小时做快题上色。在上色过程中一定要整体上色，就是拿到一支笔后就把整张图纸需要用到这个颜色的地方全部画上，因为在考场中，笔会散落各处，局部上色非常浪费时间，而且很可能会找不到笔。建议大家重视线稿的完整度，线稿画得到位会为上色节约时间。在上完色后，线稿颜色可能会变浅，需要局部再压一遍。在考试过程中，一定要预留 5—10 分钟的时间进行画面的调整。在平时练习的时候，可以先给自己 10 小时画图，然后缩减到 8 小时，最后 6 小时完成整张图纸。

合肥工业大学对于快题的整体版式、效果图及方案的表现较为重视，出题比较灵活，需要考生有随机应变的能力。大家在考场上可能会遇到自己没有画过的题目，这时千万不要慌张，沉着、冷静的心态是非常重要的，尽量回想去过的类似空间的平面布置及效果。考场会提前发放考卷，这时候要先思考平面图，快速构思平面图和效果图的对应，以及对主题的适配度。确定方案之后，要立刻着手绘图，在考试过程中是没有太多时间花在草稿上的，只有效果图需要简单地打一个草稿，其他都是直接用墨线笔绘制。在考试过程中，有的考生就是在铅笔稿上花费了太多的时间导致最后没有画完。因此，整体的色调和排版在脑子里要有一个模板，平时多看、多想、多做、多积累，这样在短时间内可以直接下手。

在时间安排上，前期进行基础班练习，暑假进行快题班的学习，开学后做每周一次的限时训练。

关于调剂

在公布“国家线”之后，如果发现无法考上第一志愿的学校，那么就需要去了解调剂院校。首先，搜集往年的调剂信息，之后选择想调剂的院校，记住，你想去的地方别人也想去，所以要慎重考虑。调剂的时候，有些学校会需要考生在官网上填写预调剂信息。一定要同时主动给老师发邮件，准备好个人简历和作品集。等到调剂系统开放，一定要第一时间将申请发出去，一般能同时发 3 个学校的申请，但是发完之后，自己的调剂系统会被锁死，通常 24 小时后才会再开放。每所学校的调剂时间不一样，为了避免锁上以后遇到自己心仪的学校，系统却无法填写的情况，建议大家申请 2 所学校，留一个名额备用。到了 24 小时自动解锁的时候，如果没有学校联系你，就可以自己取消，不要等学校取消。

最后，祝大家都能够考取自己心仪的学校。